EKSTREM EKSTRØM
EKSTRØM EXTREME

Norsk møbel- og industridesign
Norwegian Furniture and Industrial Design

Denise Hagströmer (ed.)

EKSTREM EKSTRØM
EKSTRØM EXTREME

Norsk møbel- og industridesign
Norwegian Furniture and Industrial Design

arnoldsche ART PUBLISHERS
NASJONALMUSEET

Imprint

Managing editor
Widar Halén

Editor
Denise Hagströmer

Authors
Trygve Ask
Kjetil Fallan
Janne B. Reitan
Denise Hagströmer
Espen Johnsen

Translators
From Norwegian to English: Peter Cripps
From English to Norwegian: Stig Oppedal (Kjetil Fallan), Eivind Lilleskjæret (Denise Hagströmer)

Text editor
Ole Gaudernack
Additional English language edit: Robert Connolly

Picture editors
Beate Marie Bang, Denise Hagströmer

Arnoldsche project coordinators
Marion Boschka, Matthias Becher

Graphic designer
Silke Nalbach, nalbach typografik, Mannheim

Offset reproductions
Repromayer Medienproduktion, Reutlingen

Printed by
Gorenjski tisk storitve, Kranj

Paper
150 gsm LumiSilk

Bibliographic information published by the Deutsche Nationalbibliothek
The Deutsche Nationalbibliothek lists this publication in the Deutsche Nationalbibliografie; detailed bibliographic data are available on the Internet at www.dnb.de.

ISBN 978-3-89790-460-6

Made in Europe, 2016

Photo credits

All photographs by Frode Larsen, Morten Thorkildsen, Annar Bjørgli and Knut Øystein Nerdrum, The National Museum of Art, Architecture and Design, Oslo, Norway.

Except:
Scanpix/Svein Erik Furulund, 11
CBS Television Studios, 12
Bjørn Tannum, 14
Nasjonalbiblioteket, 13, 25
Telenor Eiendom Holding AS, 13
Vad Trevarefabrikk, 24
Norsk Folkemuseum, Bonytt archive, 24, 51, 112–113
Patentstyret, 48
Varier Furniture AS, 48
Inger Marie Grini, 52
Terje Ekstrøm and Janne Beate Reitan, private archive, 53
Harald Krogsæter AS, 56
Norsk Teknisk Museum, 80, 82
Rockheim/Jette C. Petersen, 87
Norsk Radiohistorisk Forening, 88
Kolbjørn Ringstad, 99
KODE Bergen Kunstmuseum/Dag Fosse, 102
Kyrre Andersen, 105
Nordenfjeldske Kunstindustrimuseum, 106
Ukrut.no/Pål Hansen, 116

Cover illustrations
front: *Ekstrem* chair, Terje Ekstrøm, designed 1972, produced 1984 by Hjellegjerde A/S, from 1989 by Stokke Fabrikker A/S and from 2006 by Varier Furniture A/S
back: *Fasett* (*Series 2*) loudspeaker, Terje Ekstrøm, Tandbergs Radiofabrikk, 1975

The present publication is published on the occasion of the exhibition *Ekstrøm Extreme. Furniture and Industrial Design* at the National Museum – The Museum of Decorative Arts and Design, Oslo, Norway, 14.2.–15.5.2016.

Innhold

Contents

Fig. 1
Stolen *Ekstrem*, Terje Ekstrøm, designet i 1972, produsert 1984 av Hjellegjerde A/S, fra 1989 av Stokke Fabrikker A/S og fra 2006 av Varier Furniture A/S

Ekstrem chair, Terje Ekstrøm, designed 1972, produced 1984 by Hjellegjerde A/S, from 1989 by Stokke Fabrikker A/S and from 2006 by Varier Furniture A/S

En hyllest til Terje Ekstrøm

Terje Ekstrøm har som mange dyktige industridesignere av sin generasjon ett ben i håndverket og ett i industrien, med utdannelse som møbelsnekker og møbeltapetserer og som interiørarkitekt/møbeldesigner fra SHKS. Dermed kan han plasseres godt i en modernistisk tradisjon hvor verkstedet skulle fungere som et laboratorium for utviklingen av industriprodukter. Verkstedet, som lå i nær tilknytning til Ekstrøms bolig i Langgata i Oslo, var et fristed for tenkning og et utklekningssted for hans design. Det var her han fikk de gode ideene og bygget modeller i tre og papp, som han senere kunne utvikle i industrien. Han understreket alltid hvor viktig denne nære forbindelsen mellom håndverk og industri var for hans produksjon.

Selv om Ekstrøms virksomhet på denne måten var knyttet til modernismens ideologi, så kan hans praksis også sees som en opposisjon til modernismens kanon. Ekstrøm markerte seg i en brytningstid og hans produksjon bærer preg av så vel modernisme, pop design og postmodernisme. Dette sees tydelig i hans mest berømte design fra 1970-tallet, stolen *Ekstrem* (1972, produsert 1984) og høyttaleren *Fasett* (1973). Ekstrøm følger her de radikale frihets-strømningene i tiden, med designere som ønsket å løsrive seg fra ideologiene og utvikle et friere og mindre konvensjonsbundet formspråk. De ville bort fra det ensartede og satte fokus på designens betydning for brukerens personlige opplevelser og erfaringer. Omtrent samtidig utviklet det seg en viktig retning som ville opprettholde modernismens sosiale engasjement, nemlig den såkalte ergonomiske designen, som ønsket å forbedre de designaspektene som var knyttet til fysiologi og anatomi. Ergonomisk design

A Tribute to Terje Ekstrøm

Like many talented industrial designers of his generation, Terje Ekstrøm has one foot in crafts and the other in industry. He trained as a cabinetmaker and upholsterer before studying interior and furniture design at the National College of Art and Design (SHKS) in Oslo. This places him in a Modernist tradition that treats the workshop as a laboratory for the development of industrial products. The workshop close to Ekstrøm's home in Langgata, Oslo, was a place where he could think freely and develop his designs. It was here he had his best ideas and built the models from wood and cardboard that he would later refine in an industrial context. He always stressed the importance of this close connection between craft and industry for his production.

Despite this link to the ideology of Modernism, Ekstrøm's practice can also be seen as one of opposition to the Modernist canon. Ekstrøm made his mark during a period of change, and his designs show characteristics of Modernism, Pop Design and Postmodernism. This can be seen clearly in his most famous designs from the 1970s, as represented by the chair *Ekstrem* (Extreme) (1972, industrially produced 1984) and the loudspeaker *Fasett* (Facet) (1973). Here Ekstrøm follows the radical freedom movement of the time. Designers sought to dissociate themselves from ideologies and to develop a freer language of form that was less committed to convention. They wanted to get away from uniformity and focused instead on the ways a design could influence the user's personal experience. During roughly the same period, an important trend emerged that sought to preserve the social commitment of Modernism, most notably in what is known as Ergonomic Design, which

fikk stor betydning for Ekstrøm og er integrert i de fleste av hans produkter.

Dette gjelder også for Ekstrøms mest berømte designobjekt, stolen *Ekstrem*. Selv om forholdet mellom form og funksjon her virker delvis oppløst så har stolen en utmerket sittekomfort. Ekstrøm var selv stolt av at den hadde så mange sitteposisjoner. I sin skulpturelle utformingen fremstår stolen nærmest som et selvstendig kunstverk. Den går utover brukstingens vante og tiltenkte rolle og er kanskje den mest originale stolen som har sett dagens lys i Norge. *Ekstrem* stolen er fremdeles populær og kan i bokstavelig forstand regnes som en klassiker. Det funksjonelle har her kommet i skyggen av det skulpturelle, kommenterende og refererende. I og med at setet ikke er visuelt tydelig, bryter designen med gjengse forestillinger om stolen som arketyp. Den er nærmest utfordrende å innta fordi man ikke vet om den vil holde eller gi etter. Dette bruddet muliggjør en refleksjon over vante forestillinger og det betyr at det finner sted en refleksjon på et såkalt metanivå. Det vil si at objektet innbyr til refleksjon og undring hos betrakteren og brukeren – dette metanivået gjør at designen bryter ut av det vante funksjonsområdet og tillegges ny mening.

Ekstrøm var en foregangsmann på dette området ti år før postmodernismen fikk et nevneverdig nedslagsfelt i norsk design, etter at Memphis gruppen stilte ut på Galleri F15 i 1984. De fleste av Terje Ekstrøms produkter innbyr til refleksjon over gjenstanden selv, og med dette har han mer enn noen annen åpnet for kritisk tenkning rundt designens kulturelle, ergonomiske og sosiale verdi. Derfor er det etter Terje Ekstrøms bortgang i 2013 betimelig med en presentasjon av hans verk i Nasjonalmuseets utstilling og bok. En stor takk til senior kurator Denise Hagströmer og til hennes

is devoted to improving aspects of design concerned with physiology and anatomy. Ergonomic design became a major consideration for Ekstrøm, and an integral feature of most of his products.

This is especially evident in Ekstrøm's best known design object, the *Ekstrem* chair. Although one might think the relationship between form and function to be largely transcended in this case, the chair is in fact remarkably comfortable. Ekstrøm was proud that it offered a variety of sitting positions. It can be viewed as being similar in character to an artwork, almost as a sculpture. Reaching beyond the usual, functional role of a utility object, it is perhaps the most original chair ever to come from a Norwegian drawing board. Still popular today, the *Ekstrem* chair is literally a classic. Here, functionality is overshadowed by the aspects of sculpture, commentary and reference. The fact that we do not immediately perceive it as a chair serves to challenge prevailing notions of the chair archetype. We feel almost nervous about sitting on it, because we fear it might not hold or support our weight. This unease encourages us to reassess established notions in a way that amounts to meta-reflection. In other words, the object prompts the viewer or user to think and wonder on another level. Meta-reflection allows the design to break free of the usual sphere of meaning and to acquire new significance.

Ekstrøm was already a pioneer in this field ten years before Postmodernism took hold in Norwegian design following the *Memphis Group* exhibition at Galleri F15 in 1984. Most of Terje Ekstrøm's products invite meta-reflection, with the result that he more than any other has helped to promote the critical reappraisal of design's cultural, ergonomic and social values. It is therefore appropriate and timely, following his death in 2013, that the Na-

medforfattere Janne Beate Reitan, Trygve Ask, Kjetil Fallan og Espen Johnsen, samt til bokens sponsor Stiftelsen Scheibler.

Widar Halén,
Avdelingsdirektør design og kunsthåndverk
Nasjonalmuseet for kunst, arkitektur og design

tional Museum should present Terje Ekstrøm's work in this exhibition and book. A big thank-you to senior curator Denise Hagströmer and her co-authors Janne Beate Reitan, Trygve Ask, Kjetil Fallan and Espen Johnsen, and to the book's sponsor, Stiftelsen Scheibler.

Widar Halén
Director of Design and Decorative Arts
The National Museum of Art, Architecture and Design

Takk til Acknowledgements

Svein Asbjørnsen, Knut Astrup Bull, Robert Connolly, Aud Dalseg, Heidi Devik Ekstrøm, Simen Brinch Ekstrøm, Stina Ekstrøm Frykholm, Sissel Devik Ekstrøm, Liz Farrelly, Inger Johanne Fosheim, Asle Grimstad, Kathrin Guthmann, Kaja Hjort, Kathrine Hysing, Birgit Jordan, Anne Kjellberg, Frode Larsen, Cathrine Lorange, Jeanette Løining, Maren Midtdal, Marianne Moe, Jan-Lauritz Opstad, Peter Opsvik, Ingrid Halland Rashidi, Janne Beate Reitan, Rune Reitan, Merle Strätling, Morten Thorkildsen, Håvar Weisser.

Leting etter originalitet

Arbeidene til designeren Terje Ekstrøm (1944–2013) bidro til en ny vitalitet og uavhengighet i det norske designmiljøet i 1970- og 80-årene, en tid preget av betydelige kulturelle og samfunnsmessige endringer [fig. 1]. Ekstrøm representerte en ny generasjon designere, som utfordret idealene til gullalderen i skandinavisk design. Som denne boken viser, var Ekstrøm både et produkt av sin tid og langt forut for den. Så futuristisk var hans internasjonale suksessmøbel, stolen *Ekstrem*, designet i 1972, men ikke satt i produksjon før i 1984 – at den ble valgt som rekvisitt i tv-serien *Star Trek Voyager* fra midten av 1990-årene [fig. 2]. Selv om han i dag betraktes som en av Norges første postmoderne designere, er Ekstrøms opprinnelige produksjon og formidlingen av den også forbundet med idealene til modernismen og til etterkrigstidens popkultur.

Denne antologien blir utgitt i forbindelse med den første retrospektive utstillingen av Ekstrøms verker på Kunstindustrimuseet i Oslo, en del av Nasjonalmuseet for kunst, arkitektur og design, fra 14. februar til 15. mai 2016. Bokens bidragsytere gir ny innsikt i Ekstrøms produksjon og en sammenheng å lese den inn i. Det dreier seg om en designproduksjon der ergonomi, sosial adferd, lek og grafisk uttrykk spiller sammen med teknologi og økonomi – alltid støttet av en dyp forståelse for interiørdesignens kultur og tidsånd.

Kunsthistoriker Espen Johnsen leverer en elegant kontekstuell analyse av Ekstrøms designmessige særpreg og internasjonale påvirkningskilder i et bidrag som også avslører hittil ukjente designeksperimenter. Trygve Ask anlegger på sin side et industridesignerperspektiv i sin undersøkelse av hvordan *Ekstrem* og dens etterfølgere ble

In Search of Originality

The work of designer Terje Ekstrøm (1944–2013) contributed a new vitality and independence to the Norwegian design scene of the 1970s and 80s, at a time of significant cultural and social change [fig. 1]. Ekstrøm represented a new generation of designers who challenged the ideals of the golden age of Scandinavian Design. As this book reveals, Ekstrøm was both a product of his own time and far ahead of it. So futuristic was his internationally successful *Ekstrem* chair – designed in 1972, but not produced until 1984 – that it was chosen as a prop for the *Star Trek Voyager* TV series of the mid 1990s [fig. 2]. Although he is today seen as one of Norway's first postmodern designers, Ekstrøm's original output and its mediation is also connected to the ideals of the Modern Movement and later Pop culture.

Coinciding with the first retrospective exhibition of Ekstrøm's work at the Oslo Museum of Decorative Arts and Design, part of the National Museum of Art, Architecture and Design, Oslo, from 14 February to 15 May 2016, this anthology's contributors provide new insights and context to Ekstrøm's output, an output in which ergonomics, social behaviour, play and graphic expression interact with technology and economics – always backed by a deep understanding of interior design culture and its zeitgeist.

Art historian Espen Johnsen gives an elegant contextual analysis of Ekstrøm's design ethos and international influences, revealing previously unknown design experiments. Trygve Ask, on the other hand, applying an industrial designer's perspective, examines how *Ekstrem* and its successors came into being, and, interestingly, characterises Ekstrøm as a "reluctant Postmodernist".

Fig. 1
Terje Ekstrøm i stolen *Ekstrem* med hodestøtte, *A-Magasinet*, 26. januar 1985

Terje Ekstrøm, *Ekstrem* chair with headrest, *A-Magasinet* weekend supplement, 26 January 1985

Fig. 2
Stillbilde fra serien *Star Trek: Voyager*, produksjonsnummer sesong 1, episode 101, med tittelen *Caretaker*, sendingsdato 1. juni 1995; scenografer: Gary Speckman, Louise Dorton og John Chichester, scenedekoratør: Jim Mees

Photo Still from the series *Star Trek: Voyager*, production number Season 1, Episode 101, entitled *Caretaker*, air date 1 June 1995; set designers: Gary Speckman, Louise Dorton and John Chichester, set decorator: Jim Mees

Fig. 3
Forsiden på tidsskriftet *Design*, nr. 1 1997, Terje Ekstrøms stol *Ekstrem* i designer Grethe Prytz Kittelsens hjem, Planetveien 12, Oslo, tegnet av arkitekt Arne Korsmo

Design magazine cover, no. 1 1997, designer Grethe Prytz Kittelsen's home, Planetveien 12, Oslo, architect Arne Korsmo, including Terje Ekstrøm's *Ekstrem* chair

Fig. 4
Atrium i Telenors hovedkontor på Fornebu i Bærum møblert med Terje Ekstrøms stol *Ekstrem*, Arkitekter NBBJ-HUS-PKA, 2003

Telenor headquarters atrium with Terje Ekstrøm's *Ekstrem* chair, Fornebu, NBBJ-HUS-PKA Architects, 2003

til, og gir en interessant beskrivelse av Ekstrøm som «motvillig postmodernist».

Designhistoriker Kjetil Fallan kaster nytt lys over Ekstrøms bidrag til Tandbergs Radiofabrikks vellykkede produktdesign i 1970-årene, og bringer inn ny kunnskap om denne spennende epoken for denne viktige produsenten av lydutstyr. Kapittelet «Inn i sin tid: Interiør nå ...» av forfatteren av denne

Design historian Kjetil Fallan sheds new light on Ekstrøm's contribution to the Tandbergs Radiofabrikk studio's successful product designs in the 1970s, bringing new knowledge to this audio equipment manufacturer's most exciting era. *Capturing the Momentum: Interior Now...*, by the author of this introduction, provides a broader scope on Ekstrøm and his contemporaries by assessing

Fig. 5
Terje Ekstrøms stol *Ekstrem* i møbelhandler Per Tannums hus, Nordraaks gate, Oslo, 1987

Interior from furniture retailer Per Tannum's home, including Terje Ekstrøm's *Ekstrem* chair, Nordraaks gate, Oslo, 1987

innledningen anlegger et bredere perspektiv på Ekstrøm og hans samtidige ved å løfte frem «Interiør nå»-utstillingen fra 1984, som ble vist på Norges tre kunstindustrimuseer – et vannskille i norsk designidentitet.

Midt i antologien det et intervju med Ekstrøms samboer Janne Beate Reitan, som gir en skildring av Ekstrøms arbeidsmetoder, de flytende grensene mellom arbeidssted og hjemmet og hvordan det sistnevnte ble et eget designprosjekt. Selv om

the 1984 exhibition that toured Norway's three decorative arts museums, a watershed moment for Norwegian design identity.

Ekstrøm's life partner, Janne Beate Reitan, gives an account of Ekstrøm's work methods, and of the fluid boundaries between workplace and home, and how the latter became a design project in its own right. While Ekstrøm's manufactured output might be considered slight – a select biography is included – Ekstrøm's design practice was charac-

relativt lite av Ekstrøms design ble satt i produksjon – jfr. hans curriculum vitae – var hans designpraksis kjennetegnet av skaperglede og en eklektisk leting etter originalitet. I sterk kontrast til dagens markedsorienterte tilnærming, stod Terje Ekstrøm for en kompromissløs og sågar anti-kommersiell holdning til design. I det Ekstrøm kalte «kontoret», som omfattet et tre- og metallverksted, designstudio og atelier, ble modeller og prototyper skapt før de ble utarbeidet på tegnebordet. Frode Larsen fotograferte disse arbeidsrommene og Ekstrøms hus spesielt for denne boken, før endringer ble foretatt.

Stolen i seg selv er et emblematisk designobjekt på det 20. århundret. *Ekstrem*-stolen oppnådde *status*som ikon på grunn av sine unike og visjonære egenskaper men også takket være mottagelsen i mediene: blant kritikere, akademikere, designkjennere og institusjoner som ga den sin «velsignelse», og museer som tok den inn i samlingen [fig. 3–5].

Mye av forskningen til denne boken og den tilknyttede utstillingen hadde ikke vært mulig uten skissene, tegningene, modellene og prototypene og interiørene som Janne Beate Reitan har bevart.

Denne boken foregir ikke å være uttømmende, men inneholder en omfattende bibliografi som vil være til nytte for lesere som ønsker å utforske en designepoke nå i ferd med bli gjenoppdaget av kuratorer og historikere. Det er håp om at disse vil fortsette revurderingen av Terje Ekstrøms verk og rolle som pionér.

Denise Hagströmer
Seniorkurator
Nasjonalmuseet for kunst,
arkitektur og design

terised by joy in the making and an eclectic search for originality. His uncompromising and even anti-commercial ethos stands in stark contrast to today's market-orientated design approach. In what Ekstrøm called "the office", which included a wood and metal workshop, design studio and study, miniatures and prototypes were created prior to designing at the drawing board. These work spaces and Ekstrøm's home were specially photographed for this book by Frode Larsen, before changes were made.

The chair itself is an eblematic design object of the twentieth century. The *Ekstrem* chair achieved iconic status due to its unique and visionary qualities and its media reception: among critics, academics, design cognoscenti and institutions that pronounced their "blessing" and museums that incorporated it into their collections [figs. 3–5].

Much of the research for this book and its associated exhibition was only possible thanks to the surviving sketches, designs, models and prototypes and interiors, of which Janne Beate Reitan has been the custodian.

While making no claim to be complete, this book includes an extensive bibliography for the reader who wishes to find out more about a design era currently being rediscovered by curators and historians, who will hopefully continue the reassessment of Terje Ekstrøm's pioneering oeuvre.

Denise Hagströmer
Senior Curator
The National Museum of Art,
Architecture and Design

Kunsten å sitte naturlig

Espen Johnsen

The Art of Sitting Naturally

Espen Johnsen

Fig. 1
Reklameplakat for Hjellegjerde som viser stolen *Ekstrem*, Hjellegjerde, 1984–88

Poster for *Ekstrem* chair, Hjellegjerde, 1984–88

Terje Ekstrøms første bidrag til å redefinere norsk møbeldesign

«Sitt som du vil ...» og «En skulpturell og egenartet stol» var tittel og undertekst til Hjellegjerdes reklameplakat for Terje Ekstrøms *Ekstrem* fra 1980-tallet [fig. 1]. *Ekstrem* hadde altså ifølge produsenten både en fleksibilitet i funksjon og en kunstnerisk dimensjon. Plakaten skulle illustrere stolens ulike potensielle sitteposisjoner og hvordan møbelet stimulerte til en aktiv bruk. En hvitkledd modell, tilbakelent sittende med et sensuelt blikk, er omgitt av unge kvinnelige modeller i ulike brukerposituurer. Et unntak er en eldre mann som sitter i «vanlig» avslappet sittestilling med armene bak hodet. Et annet unntak er designeren selv, avbildet med rett pannelugg og langt hår, blå busserull og slitt ola-bukse. Han står halvt oppreist (i en positur med mulige seksuelle undertoner) og demonstrerer hvordan man ved selv å skifte strømpe kan endre farge på møbelet fra rosa til blått. Mens plakatens grafiske design i et nettverk av rosa striper har postmodernistiske referanser, er dette vanskeligere å se i designerens image: Her er det ingen assosiasjoner til en akademisk arkitekt eller en nyromantisk subkultur, men en typisk norsk friker, som man lett kunne anta ville trives blant norske furumøbler. Samtidig demonstrerte de ulike sittepositurer et klart brudd med en korrekt borgerlig etikette.

Men å karakterisere *Ekstrem* som et typisk designprodukt av 1980-tallet blir ikke helt riktig, for Ekstrøm har selv fremhevet at stolen ble utviklet med en prototype så tidlig som i 1972. I denne teksten skal vi med *Ekstrem* som omdreiningspunkt diskutere hvordan Ekstrøms møbeldesign

Terje Ekstrøm's first contribution to the redefinition of Norwegian furniture design

"Sit as you like ..." and "A unique, sculptural chair" were the caption and strapline on Hjellegjerde's 1980s advertising poster for Terje Ekstrøm's *Ekstrem* [fig. 1]. Thus, the poster associates *Ekstrem* with both a flexibility of function and an artistic dimension. The poster illustrates the chair's potential for varied sitting positions and for stimulating active use. Gazing sensually out at the viewer, a white-clad model sits sprawled across a chair surrounded by other young female models in a variety of sitting postures. One exception is an older man leaning back in a relaxed attitude with his hands behind his head. Another is an image of the designer himself. With a straight fringe and long hair and dressed in a blue workman's shirt and an old pair of jeans, he is depicted (in an almost sexually suggestive position) demonstrating how users can themselves change the upholstery and with it the colour of the chair from pink to blue. With its grid of pink lines, the design of the poster carries postmodern overtones, yet such references are harder to find in the image of the designer, portrayed without any hint of the academic architect or of neo-romantic subculture, but more like a typical Norwegian beatnik one is more likely to imagine surrounded by Norwegian pine furniture. At the same time, the various sitting postures illustrate a clear disdain for conventional bourgeois social etiquette.

Even so, it would not be entirely correct to characterise *Ekstrem* as a typical design product of the 1980s, because Ekstrøm himself stressed that the idea of the chair was already developed

fra de første praksisår synes å ha berøringspunkter både til fortidens og samtidens sentrale designdiskurser. Nå i ettertid fremstår *Ekstrem* som et av høydepunktene innen norsk møbeldesign fra perioden 1968–95. Men innenfor hvilken av disse årenes så forskjelligartede parallelle retninger synes Ekstrøms tidligste møbeldesign å tilhøre? En sosialt ansvarlig design som strebet etter gode alternative sittestillinger for folk i alle aldre? En futuristisk high-tech preget av både anti-modernisme og anti-historisme? En streben etter en figurativ postmoderne «Art-design»? Eller rett og slett en kombinasjon av flere av disse retninger?

Funksjon, minne og natur

Dekorløse *Ekstrem* med sin originale form og sterke sammenbinding mellom konstruksjon og funksjon var ifølge designeren selv basert på en funksjonsanalyse av varierte sitteposisjoner.[1] Det gjør funksjonsaspektet interessant å få belyst også i forhold til sentrale designteorier både før, under og etter modernismen. I 1907 argumenterte Hermann Muthesius i «Die Bedeutung des Kunstgewerbes» for at formen burde bli bestemt av funksjonen alene, noe som ville resultere i rene, dekorløse produkter.[2] Knappe to tiår senere følger Le Corbusier opp med sin provokative bok *L'Art Décoratif d'aujourd'hui* og kapittelet «Besoins-types. Meubles-types» (1925), der han gikk inn for kun å akseptere den funksjonelle formen som den eneste form for dekor. «Vår ånd er forskjellig, men våre skjeletter er like og våre muskler er på de samme steder og utfører de samme funksjoner», skrev Le Corbusier og argumenterte for å utvikle «type-objekter» med standardisert dimensjonerte

as early as 1972. With *Ekstrem* as its focus, this text will explore how, from the very start of his career as a furniture designer, Ekstrøm's practice can be linked to and refer to crucial design discourses of both the past and the contemporary scene. In retrospect, *Ekstrem* now stands out as one of the highlights of Norwegian furniture design from the period 1968–95. But to which of the so diverse yet parallel trends of this period do Ekstrøm's earliest furniture designs really belong? To the socially responsible current that was looking for healthy alternative approaches to sitting? To the futuristic high-tech that cultivated both anti-Modernism and anti-Historicism? Is it an example of a figurative Postmodern "Art design" idiom? Or does it in fact combine several of these trends?

Function, memory and nature

With its unusual shape and emphatic linkage of structure and function, the unadorned *Ekstrem* was, according to the designer himself, based on a functional analysis of varied sitting positions.[1] As far as the functional aspect is concerned, it is also interesting to recall the principal theories of design from before, during and after Modernism. In 1907, Hermann Muthesius argued in "The Meaning of Applied Art" that form should be determined by function alone, which would mean that products would lack all decoration.[2] This was followed nearly two decades later by Le Corbusier's provocative book *The Decorative Art of Today* and the chapter *Type-Needs: Type-Furniture* (1925), in which he advocated functional form as the only acceptable type of decoration.

løsninger for å besvare, og korrespondere med, våre felles behov, eksempelvis en stol til å sitte i.[3]

Formen til *Ekstrem* er imidlertid noe mer enn et resultat av en presis funksjonsanalyse. Som betrakter gir den oss også andre assosiasjoner, noe egenartet kunstnerisk med sin velproporsjonerte komposisjon av sylindre.. Når vi vanligvis betrakter en stol så er det ofte slik at den minner oss, med små avvik, om andre stoler. Men slik er det ikke med *Ekstrem*. Den minner om noe annet, noe figurativt eller noe fra naturen. Designeren skal selv ha påpekt, i likhet med andre, at stolen ligner på en «edderkopp».[4] Kan det være slik at *Ekstrem* minner oss om noe antropomorft, noe fra naturen selv, eller rett og slett gir oss assosiasjoner til hvordan det å sitte egentlig kan oppleves «naturlig» for oss mennesker, om «stolens egentlige natur»?

Det synes å være en dobbelthet ved *Ekstrem* i det at den har nytteverdi, men også kan forestille noe; ved både å være en prototype av en stol og samtidig minne om noe annet. Men kan en stol også representere en fortolkning av naturen eller forstås som en skulptur? Som vi husker, ble det hevdet i Hjellegjerdes reklame at *Ekstrem* også hadde skulpturelle kvaliteter. Kunsthistorikeren Alois Riegl var rundt 1900 opptatt av hvorfor kunstverk blir skapt og av kunstverkets funksjon, men dessuten av hvordan funksjonsaspektet påvirker betrakteren og hva et kunstverk forestiller for betrakteren. Riegl beskrev hvordan et kunstverks ytre funksjoner kan relateres både til nytte-verdien, det ornamentale og det imaginære. En ren nyttefunksjon var etter hans syn ikke identisk med en kunstnerisk funksjon. Han stilte seg tvilende til at kunstindustri kan ha en høyverdig status, i det det imaginære, og hva det forestiller, er drevet av et indre behov som står over nyttekunsten. Riegl hadde betraktninger om hvordan kunstnerisk krea-

"If our spirits vary, our skeletons are alike, our muscles are in the same places and perform the same functions," wrote Le Corbusier, arguing that we should develop "type objects" of standardised dimensions that answer to our common needs, such as chairs to sit on.[3]

In its form however, *Ekstrem* is the outcome of more than just a meticulous functional analysis. When we as viewers observe it, the chair suggests other associations; there is something uniquely artistic about its well-proportioned assemblage of cylinders. Usually, when studying a chair, we are reminded of other chairs, albeit it with minor variations. This is not the case with *Ekstrem*. It is suggestive of something else, something figurative or derived from nature. Like other commentators, the designer himself apparently mentioned the chair's resemblance to a spider.[4] Could it be that *Ekstrem* reminds us of something from the natural world, something anthropomorphic, or even that it conveys how sitting can be experienced as something "natural" for humans, that it expresses "the true nature of the chair"?

Ekstrem has an apparent duality in that it has utility value while also being representational – in being a prototype of a chair while also reminding us of something else. But can a chair also represent an interpretation of nature or be understood as a sculpture? We recall that, on its poster, Hjellegjerde described *Ekstrem* as sculptural. Around the turn of the twentieth century, the art historian Alois Riegl was striving to explain why we create artworks and what purpose they serve. He was, furthermore, interested in how the functional aspect influenced the viewer and what an artwork represented for him or her. Riegl described how the external function of an artwork can be related to the aspects of its utility value, ornament and

tivitet både er avhengig av naturen og samtidig representerer en kreativ konkurranse med naturen: «Artistic creation therefore never can be – and indeed never sets out to be – a replication of Nature, but rather a creative contest with Nature: i.e., it is based on an imaginative idea of Nature».[5]

Dette kunstneriske aspektet om at stolen muligens også forestiller noe annet, eller gir oss et helt nytt svar på hvordan en stol kan se ut, er en del av tvetydigheten ved *Ekstrem* som bidrar til å gi den en så sterk postmodernistisk identitet. For å bruke arkitekten Robert Venturis kjente frase «I prefer ‹both and› to ‹either or›» slik det kom frem i hans kritikk av modernismens moralske puritanisme i *Complexity and Contradiction in Architecture* (1966): «I like elements which are hybrid rather than ‹pure›, compromising rather than ‹clean›, distorted rather than ‹straightforward›, ambiguous rather than ‹articulated›, perverse as well as impersonal ...»[6]

Det er i denne sjeldne blanding av funksjonalitet, bevegelig mobilitet og kreativ fantasi med figurative assosiasjoner *Ekstrem* hører hjemme. Men hvordan fremstår disse aspektene i lys av Ekstrøms møbeldesign fra det tidspunkt *Ekstrem* ble utviklet, og hvordan forholder de seg til en internasjonal og en nasjonal designhistorisk kontekst?

imagination. A purely practical function was not identical to an artistic function. He was doubtful as to whether the decorative arts could achieve high artistic values, in that the aspects of imagination and representation are driven by an inner need of a higher order than the aspect of utility. Riegl observed that artistic creativity was both dependent on and represented a creative contest with nature. "Artistic creation therefore never can be – and indeed never sets out to be – a replication of Nature, but rather a creative contest with Nature: i.e., it is based on an imaginative idea of Nature."[5]

This artistic consideration, that the chair might also represent something else, or offer an entirely new answer to what a chair should look like, is an aspect of *Ekstrem*'s ambiguity that contributes to its emphatically postmodern identity. To quote the architect Robert Venturi, "I prefer 'both-and' to 'either-or'", a celebrated formulation from his critique of moral puritanism of Modernism, *Complexity and Contradiction in Architecture* (1966): "I like elements which are hybrid rather than 'pure', compromising rather than 'clean', distorted rather than 'straightforward', ambiguous rather than 'articulated', perverse as well as impersonal ..."[6]

Ekstrem manifests this rare blend of functionality, dynamism and creative imagination with figurative connotations. But what do we learn about these aspects when we consider Ekstrøm's furniture design around the time he was developing *Ekstrem*, and how do they relate to both the international and the national design-historical contexts?

Et omdreiningspunkt for norsk møbeldesign

Ekstrøm skal ha vært en beskjeden person, som i liten grad propaganderte for sine produkter – dette kan forklare at han var lite i offentlighetens søkelys de første praksisårene. Hans virksomhet er ennå ikke systematisk kartlagt og dokumentert, noe som gjør at vi fortsatt må være forsiktige med å karakterisere hans produksjon.

Ekstrøms utdannelse på møbellinjen ved Statens håndverks- og kunstindustriskole (SHKS) i årene 1964–68 sammenfaller med et spennende omdreiningspunkt for norsk møbeldesign. Fra slutten av 1960-tallet og på begynnelsen av 70-tallet ble møbeldesigneren igjen tatt på alvor. Dette var år preget av en økende selvbevissthet og faglig stolthet, som skulle komme til å prege mange designere i deres senere virke. For norsk møbelindustri var dette også noen gode år, med økt eksport og økende rom for eksperimentering. Lamineringsteknikken ble videreutviklet; i 1965 ble Ingmar Rellings lenestol *Siesta* vist frem og året etter ble *Kengu* av Elsa og Nordahl Solheim lansert. Samtidig var det norske samfunnet og det politiske landskapet i store endringer. Populærkulturen begynte å bli akseptert på sine egne prinsipper og den norske hjemmesfæren ble tydeligere preget av ulike habitus og en tiltagende sosialt engasjert ungdomskultur. Ekstrøm synes å ha gått inn i disse studieårene med det største alvor. Sammen med andre jevnaldrende designere, som Svein Asbjørnsen, Svein Gusrud, Terje Meyer og Peter Opsvik, bidro han til å redefinere norsk møbeldesign. I 1970 var Opsvik i Tyskland for å studere ergonomi under Ulrich Burandt, et opphold som resulterte i lanseringen av *Tripp Trapp*-stolen i 1973 [fig. 3].[7] Året før hadde

A turning point for Norwegian furniture design

Ekstrøm was allegedly a modest person who did little to trumpet his own products, which may explain why he was rarely in the public spotlight in the early years of his career. His activities have still not been systematically mapped out and documented, which means that we must still be cautious when describing his production.

The period 1964–68, when he was studying at the Oslo National College of Art and Design (SHKS), represents an exciting turning point in Norwegian furniture design. During the late 1960s and early 1970s, furniture designers began to earn renewed respect. It was a time of growing self-confidence and professional pride, qualities that would later find expression in the work of many designers. For the Norwegian furniture industry, this was also a period of increased exports and broader scope for experimentation. There were significant advances in the process of lamination, with Ingmar Relling's *Siesta* armchair being launched in 1965 and Elsa and Nordahl Solheim's *Kengu* the year after. At the same time, Norwegian society and the political landscape were undergoing transformation. Popular culture was beginning to gain acceptance on its own terms, and the Norwegian domestic sphere was succumbing to a greater variety of lifestyles and the influence of a socially-oriented youth culture. Ekstrøm seems to have approached his studies with great seriousness. He was one of a number of designers of similar age, including Svein Asbjørnsen, Svein Gusrud, Terje Meyer and Peter Opsvik, who helped to redefine Norwegian furniture design. In 1970, Opsvik went to Germany to study ergonomics under Ulrich Burandt, which

Fig. 2
Convair, lenestol, Oddmund Vad, Vad Trevarefabrikk AS, 1972

Convair, chair, Oddmund Vad, Vad Trevarefabrikk AS, 1972

Fig. 3
Stolen *Tripp Trapp*, Peter Opsvik, produsert av Stokke Fabrikker A/S, 1973, fotografert for tidsskriftet *Nye Bonytt*

Tripp Trapp chair, Peter Opsvik, produced by Stokke Fabrikker A/S, 1973, photographed for *Nye Bonytt* magazine

Oddmund Vad lansert sin ukonvensjonelle *Convair*-stol [fig. 2].

I en norsk kontekst ble disse årene også et krysningspunkt der kunsthåndverket og produktdesignen gikk atskilte veier. I internasjonal design var årene rundt 1970 særlig preget av italiensk og britisk Pop-design, men også av en sosial og økobevisst protestholdning – som blant annet manifesterte seg i det amerikanske «utenforsamfunnet» *Drop City*. Parallelt vokste det frem en økende bevissthet rundt designens sosiale oppgave ved de nordiske designskolene, delvis inspirert av Victor Papanek.

resulted in the launch of the *Tripp Trapp* chair in 1973 [fig. 3].[7] A year earlier, Oddmund Vad had launched his unconventional *Convair* chair [fig. 2].

This was also a period in which Norwegian arts and crafts parted company with product design, taking separate paths. In the field of international design the years around 1970 were dominated by Italian and British Pop Design and the socially and environmentally oppositional attitudes exemplified by the *Drop City* community in America. Reflecting these trends, people like Victor Papanek brought a growing sense of design's social mission to the Nordic design schools.

Utspring i pop og protest

I Ekstrøms første designarbeider møter vi referanser til samtidens pop-design så vel som til opprøreren som vil tenke alternativt. Det modulbaserte *Sekskanthuset* (1968) [fig. 4], med Ekstrøm som sentral idégiver, ble realisert etter en idékonkurranse til et «Jubileumshus» i anledning Kunst- og håndverksskolens 150-års jubileum og ble også vist frem på Møbelmessen på Sjølyst. Ideen var at beboeren kunne begynne med en sekskantet modul på 15 m², for deretter å legge til flere moduler eller «celler» etter behov. Ekstrøm anså en heksagon å være overlegen et kvadrat. Løsningen skulle være billig, lett-montert og fleksibel og modulene skal

Origins in Pop and protest

Ekstrøm's earliest design works include references to contemporary Pop Design while also reflecting the rebel in search of alternative modes of thought. The modular *Sekskanthuset* (*Hexagon House*, 1968) [fig. 4], for which Ekstrøm delivered essential input, was constructed following a competition for ideas for an "anniversary house" to mark the National College of Art and Design's 150th anniversary, and was included in the furniture fair at Sjølyst (Oslo). The idea was that the occupant could begin with a single hexagonal module of 15 m², and then add further modules or "cells" in response to need. Ekstrøm regarded

Fig. 4
Sekskanthuset i *Bo Bedre*, Terje Ekstrøm (idé) og studenter fra SHKS, 1968–69

Hexagon House in Danish *Bo Bedre* interior design magazine, Terje Ekstrøm (concept) and SHKS students, 1968–69

også ha vært mulig å tilpasse terrenget som rekkehus eller terrassehus.[8] Prototypen skal også ha hatt ideer om et «sandwich-system» til veggene.[9] Forslaget faller inn under samtidens internasjonale eksperimentering med alternative boformer, preget av idealer om fleksibilitet og mobilitet. Samme år utviklet eksempelvis Coop Himmelb(l)au den visjonære *Villa Rosa* (1968) med oppblåsbare ballong-enheter, og i 1972 fikk retningen sin største markering med MOMA-utstillingen «Italy: The New Domestic Landscape». I likhet med flere av disse boligideene tok *Sekskanthuset* opp idealer om individuell frihet og en fleksibilitet i boformen. Til media ble det også argumentert for at *Sekskanthuset* egnet seg godt til en generasjonsbolig slik at unge og eldre kunne bo i samme hus, men adskilt.[10] Det var også typisk for denne unge generasjonen av designere å ha større omtanke for både barn og eldre. Sekskanten som modul eller boligcelle gir dessuten, som det ble påpekt i samtiden, assosiasjoner til bikuben og kan minne noe om tenkningen som preget den amerikanske hippie-bevegelse, eksempelvis i de mange geodetiske og modulbaserte gjør-det-selv-husene i *Drop City* (1965–70).[11] Formen synes i tillegg å ha et slektskap til den tyske designeren Peter Raackes kolleksjon av barnemøbler i papp fra 1968, også disse basert på en heksagonal modul – en referanse som bringer oss over til Ekstrøms første utkast til møbler.

the hexagon as superior to the square. The house should be inexpensive, easy to mount and flexible and the modules could apparently be adjusted to the terrain.[8] In addition, the prototype apparently incorporated ideas for a "sandwich wall system".[9] The proposal is in the spirit of international experiments of the period in alternative forms of housing that gave prominence to the ideals of flexibility and mobility. In the same year, for instance Coop Himmelb(l)au developed its visionary *Villa Rosa* (1968), consisting of inflatable balloon-like modules, and in 1972 the direction received a substantial airing with the MOMA exhibition *Italy: The New Domestic Landscape*. Like several of these ideas for dwellings, *Sekskanthuset* embodied the ideals of individual freedom and flexibility in living space. To the media it was presented as a viable solution for generation living, accommodating young end elderly in the same house but providing separate spaces.[10] It was also typical of this generation of designers that they devoted particular attention to both children and the elderly. As was pointed out at the time, the shape is also suggestive of beehives, which chimed with the ecological thinking characteristic of the American hippie movement, also seen in the many geodetic, modular DIY houses of *Drop City* (1965–70).[11] There is also a certain kinship here with the German designer Peter Raacke's 1968 collection of cardboard furniture for children, which also made use of hexagonal modules. This reference takes us back to Ekstrøm's earliest sketches for furniture.

1972: Ett år med eksperimentering

Et viktig tiltak for å fremme nytenkning rundt norsk møbeldesign i denne perioden var ordningen med stipendopphold ved Statens Teknologiske Institutt, i samarbeid med Kunst- og håndverksskolen i Oslo og Statens høgskole for kunsthåndverk og design i Bergen. Ordningen ble innstiftet i 1968 og skulle gi ferdigutdannede møbeldesignere muligheten til studiereiser og fordypning i formgivningsproblemer i ett år. Etter at Svein Asbjørnsen fikk det første stipendiet i 1969 og Svein Gusrud det andre, ble Ekstrøm tildelt stipendiet for studieåret 1972–73.[12] Denne muligheten synes Ekstrøm å ha brukt særdeles godt. Fra 1972 kjenner vi til, foruten *Ekstrem*, flere nye ideer til møbler, hvorav de fleste synes å ha vært utkast til Bransjerådets møbelkonkurranse. Internasjonalt er 1968 kjent for det store internasjonale studentopprøret, men i norsk sammenheng er det ofte 1972 som fremheves. Året kan ha åpnet opp for kreativitet og eksperimentering, preget både av sosialt opprør og konseptuell nytenkning.

Til dels markerer Ekstrøms møbelideer en protest mot dyre, importerte mørke tresorter, som ellers preget norsk møbeldesigns siste fase av den enkle Scandinavian Design-stilen. I stoler Ekstrøm utviklet for konkurranser, både i 1970 og 1972, foreslo han rimeligere materialer som papp eller plast. En tidlig variant er *Kromblom* (1970) [fig. 5], et utkast til en lenestol tenkt konstruert av bøyd 6 mm perspex plast, med mulighet for polstring av en 25 mm tykk skumgummimatte.[13] En annen stol, med mottoet *Kassabele* [fig. 6], skulle være i papp og ble utviklet i september 1972. Stolen skulle kunne produseres i to varianter, deriblant som barnestol. Et tredje møbel, med mottoet *Flexsisisi*,

1972 – A year of experimentation

One important initiative that promoted innovation in Norwegian furniture design in this period was the scholarship scheme set up by the Norwegian Institute of Technology in collaboration with the two national colleges of art and design in Oslo and Bergen. The scheme was established in 1969 and was meant to enable graduate furniture designers to undertake study trips and deepen their understanding of design problems. The first such scholarship went to Svein Asbjørnsen and the second to Svein Gusrud, after which Ekstrøm received it for the academic year of 1972–73.[12] It was an opportunity Ekstrøm evidently used to the full. Works we know of from 1972 include not just *Ekstrem*, but several new concepts for other pieces of furniture, most of which seem to have been drafts for the Industry Council's furniture competition. Internationally, 1968 is remembered as the year of student uprisings, but in Norway it was in 1972 that the most notable protests occurred. A year that might have been conducive to creativity and innovation against a background of social rebellion and conceptual rethinking.

In part this set of Ekstrøm's furniture designs indicates a protest against expensive types of imported dark woods that were typical of Norwegian furniture design during the final phase of the pure Scandinavian Design style. In the chairs Ekstrøm developed chiefly as competition entries in 1970 and 1972, he proposed less expensive materials such as cardboard or plastic. One early variant was the *Kromblom* (1970) [fig. 5], a sketch for an easy chair that would be constructed from a single sheet of bent 6 mm Perspex, which could alternatively be padded with 25 mm thick foam.[13]

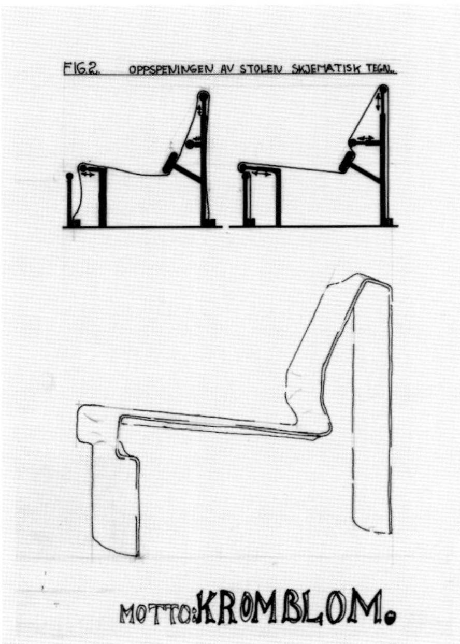

Fig. 5
Kromblom, utkast til lenestol,
Terje Ekstrøm, 1970

Kromblom, chair proposal,
Terje Ekstrøm, 1970

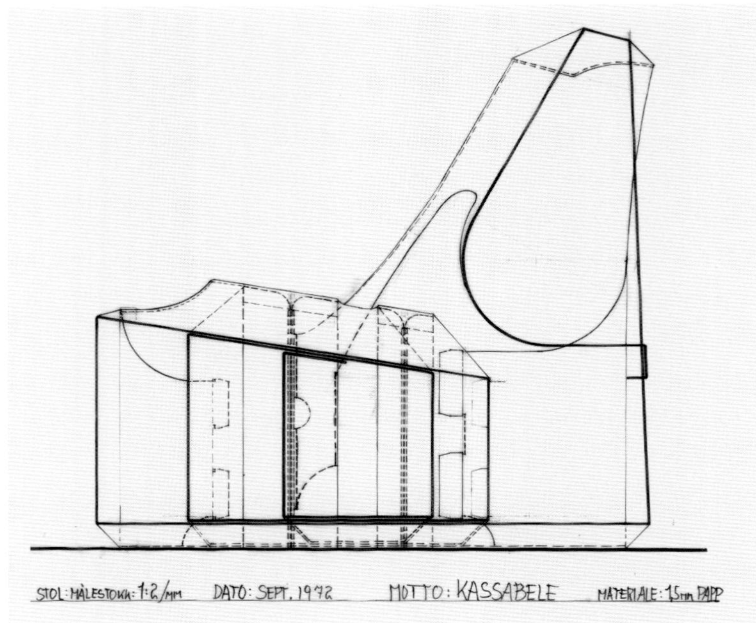

Fig. 6
Kassabele, utkast til stol,
Terje Ekstrøm, 1972

Kassabele, chair proposal,
Terje Ekstrøm, 1972

også den fra september 1972, var likedan tenkt utført i papp, alternativt i skummet ABS-plast eller styren. Møbelet bestod av to like halvdeler som skulle limes sammen (til en "flexsisisi"). Her opptrer også sekskanten som form. Både form, konstruksjon og volumbehandling i disse møblene og bruken av modul og papp markerer at Ekstrøm har tatt utgangspunkt i Pop-design, eksempelvis pappserien *Those Things: Fibreboard Furniture for the Young* (1967) av britiske Peter Murdoch. Også Terje Meyer har liknende referanser i sine samtidige papp-møbler – en illustrasjon av et ungt norsk designmiljø, som med henvisning til samtidens ungdomsopprør ville noe nytt og anderledes. Både *Kromblom* og en beslektet variant, *Lamilerium*

Developed in September 1972 and dubbed *Kassabele* [fig. 6], another chair would have been made of cardboard. It was intended to be produced in two versions, one of them for children. A third item, with the name *Flexsisisi*, also dated September 1972, would also have been made of cardboard, or alternatively ABS plastic or polystyrene foam. This would have been constructed from two halves that were glued together (to form a *Flexsisisi*). Here again we find the hexagon. In terms of form, construction, the handling of volumes, and the use of modules and cardboard, all these items clearly show how indebted Ekstrøm was to Pop Design, as exemplified by, for example, the cardboard series *Those Things:*

(1974–75), viste fellestrekk med *Ekstrem* ved å kretse rundt lenestolen som type og fokusere på sete- og ryggposisjoner. Likevel fremstår disse møblene i mindre grad enn *Ekstrem* som modne og selvstendige, blant annet er original bruk av farger og teknologi vanskelig å spore. De viser heller ikke samme grad av problemorienterte funksjonsstudier.

Beslektede eksperimenter

Hva så med den originalitet som vi møter i *Ekstrem* knyttet til funksjonsanalyse, bevegelse og kunstnerisk representativitet? Som student på SHKS skal Ekstrøm allerede i 1964 ha designet og utviklet en stol med fire forskjellige setehøyder, som han selv benyttet under studietiden. Uavhengig av setehøyde skal det ha vært mulig å regulere setet til en fremvendt stilling for arbeid og til en bakoverhellende for hvile.[14] Konseptet innvarslet et tidlig ergonomisk forsøk.

Et annet interessant forsøk er utkastet til en stol med mottoet *Variant* [fig. 7], også det fra 1972. Denne stolen var ikke nødvendigvis beregnet til å stå på jevnt underlag. Den skulle ha et bærende understell av to bøyde rør lagt i kryss, og var beregnet til å stå på ikke flere enn tre punkter samtidig, slik at den kunne ha seks forskjellige sittestillinger og vippe-posisjoner. Selve setet skulle ha en oppblåsbar «pølsering» av plast, noe som ville gi den en spesiell voluminøs utforming, og vi kan i ideen med varierte sitteposisjoner ane inspirasjon fra Zanottas berømte *Sacco*-sekk (1969). I *Variant* kunne stolbena alternativt produseres i form av laminerte trebøyler og den oppblåsbare plastsekken kunne erstattes av lær eller seilduk. Ikke alt ved *Variant* fremstår som gjennomarbeidet, men

Fibreboard Furniture for the Young (1967) by the British designer Peter Murdoch. Terje Meyer includes similar references in his cardboard furniture from the same period, references to contemporary youthful rebellion that illustrate a desire for something different within the young Norwegian design scene. Both *Kromblom* and a related variation, the *Lamilerium* (1974–75) showed similarities with *Ekstrem*, by probing the armchair as an archetype and focusing on seat and backrest positions. Nonetheless, these items seem less mature and autonomous; for one thing, it is hard to find any originality in their use of colours or technology. Nor do they stand out particularly as problem-oriented studies of function.

Related experiments

What then can we say about the originality of *Ekstrem* in relation to functional analysis, movement and artistic representation? In 1964, while studying at the National College of Art and Design, Ekstrøm had designed a chair with four different seat heights, which he himself used during his student years. Independent of the seat height, it was apparently possible to adjust the seat to incline forwards when used for work or backwards when used for resting.[14] The concept was an example of an early ergonomic experiment.

Another interesting experiment was his sketch for a chair he dubbed *Variant* [fig. 7], also dated 1972. This did not presuppose that the ground on which the chair stood would necessarily be level. It would have a chassis of two bent tubes that cross each other, and was designed to stand on no more than three points at any one time, meaning that it allowed six different sitting and tilt

Fig. 7
Variant, utkast til stol,
Terje Ekstrøm, 1972

Variant, chair proposal,
Terje Ekstrøm, 1972

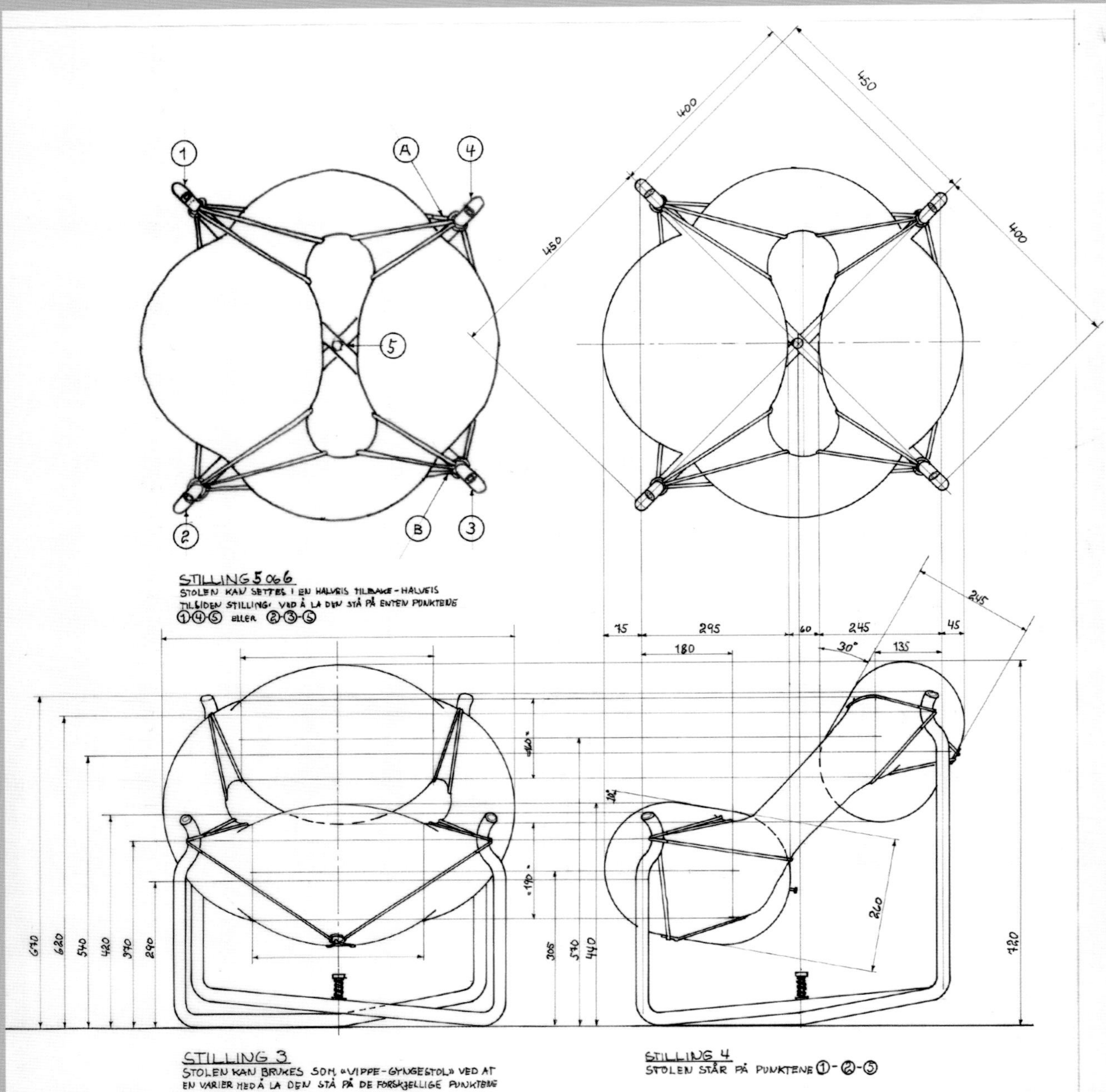

den viser samtidig vilje til både beveglige, varierte sitteposisjoner og skulpturelle former. Den har i tillegg en relasjon til Ekstrøms høyttaler *Fasett* (1973), som også kunne vippes og plasseres i ulike balanserte posisjoner.

I de umiddelbart påfølgende årene foreligger andre utkast til stoler, som ikke like radikalt synes å følge opp disse ideene. Til gjengeld synes eksperimenteringen og videreutviklingen av *Ekstrem*-konseptet å ha tatt mye av Ekstrøms tid og oppmerksomhet, og i 1977 ble *Ekstrem Original* første gang vist frem for offentligheten. Kort tid etter dette utviklet han også noen interessante samarbeidsprosjekter med Peter Opsvik, deriblant det konseptuelle møbellandskapet *Putemøbel* (1981) [fig. 8, 9].

Invitasjoner til erfaring og betrakning

Samlet sett viser Ekstrøms eksperimentelle møbler fra 1972 en imponerende vilje til å tenke nytt, men med *Ekstrem* i en særstilling. *Ekstrem* inviterer betrakteren til å reflektere over hvordan stolen faktisk fungerer i bruk og til selv å prøve den ut og få fysisk erfaring med objektet. Denne kreative friheten i *Ekstrem* kan sees i forlengelsen av italiensk design fra 1969–70, som både utfordret sitteposisjoner, bruken av «rør» og introduserte nye materialer. Som flere andre samtidige norske designere må Ekstrøm ha vært oppmerksom på Achille Castiglioni og Pier G. Castiglionis konseptuelle *Mezzadro* (1957), den berømte stolen med traktorsete, som kom i produksjon fra 1970. Meget trolig har Ekstrøm også kjent til den to meter lange, transparente og fleksible rørlampen *Boalum* av Livio Castiglioni og Gianfranco Frattini for Arte-

positions. The actual seat would be fitted with an inflatable plastic "sausage", which would give it a particularly voluminous appearance. The idea of the varied seating positions suggests a degree of inspiration from Zanotta's famous *Sacco* sack (1969). For *Variant*, the chair legs could alternatively be produced as formed wooden laminates, while the inflatable plastic sausage could be replaced by a leather or canvas cushion. Although it would appear that some features of *Variant* have not been entirely thought through, the chair still illustrates an interest in varied and mobile sitting positions and in sculptural forms. There is also a similarity to Ekstrøm's *Fasett* loudspeaker (1973) that could also be tilted and balanced in a variety of positions.

In the years that followed, Ekstrøm sketched other chairs that were less radical in their pursuit of these ideas. By contrast, experimentation on and further development of the *Ekstrem* concept seems to have commanded considerable attention, with the *Ekstrem Original* being shown to the public for the first time in 1977. Shortly afterwards, he worked on a number of interesting collaborations with Peter Opsvik, among them the conceptual furniture landscape *Putemøbel* (*Cushion Furniture*, 1981) [figs. 8, 9].

Invitations to experience and observe

Collectively, Ekstrøm's experimental furniture designs from 1972 are indicative of an impressive determination to innovate, with *Ekstrem* taking pride of place. *Ekstrem* invites the viewer to reflect on how a chair actually functions and to try it out to experience the object physically. The

Fig. 8 + 9
Putemøbel, skisser og utkast til modulbasert møbellandskap, Terje Ekstrøm og Peter Opsvik, 1981

Cushion-furniture, sketches and proposal for modular furniture landscape, Terje Ekstrøm and Peter Opsvik, 1981

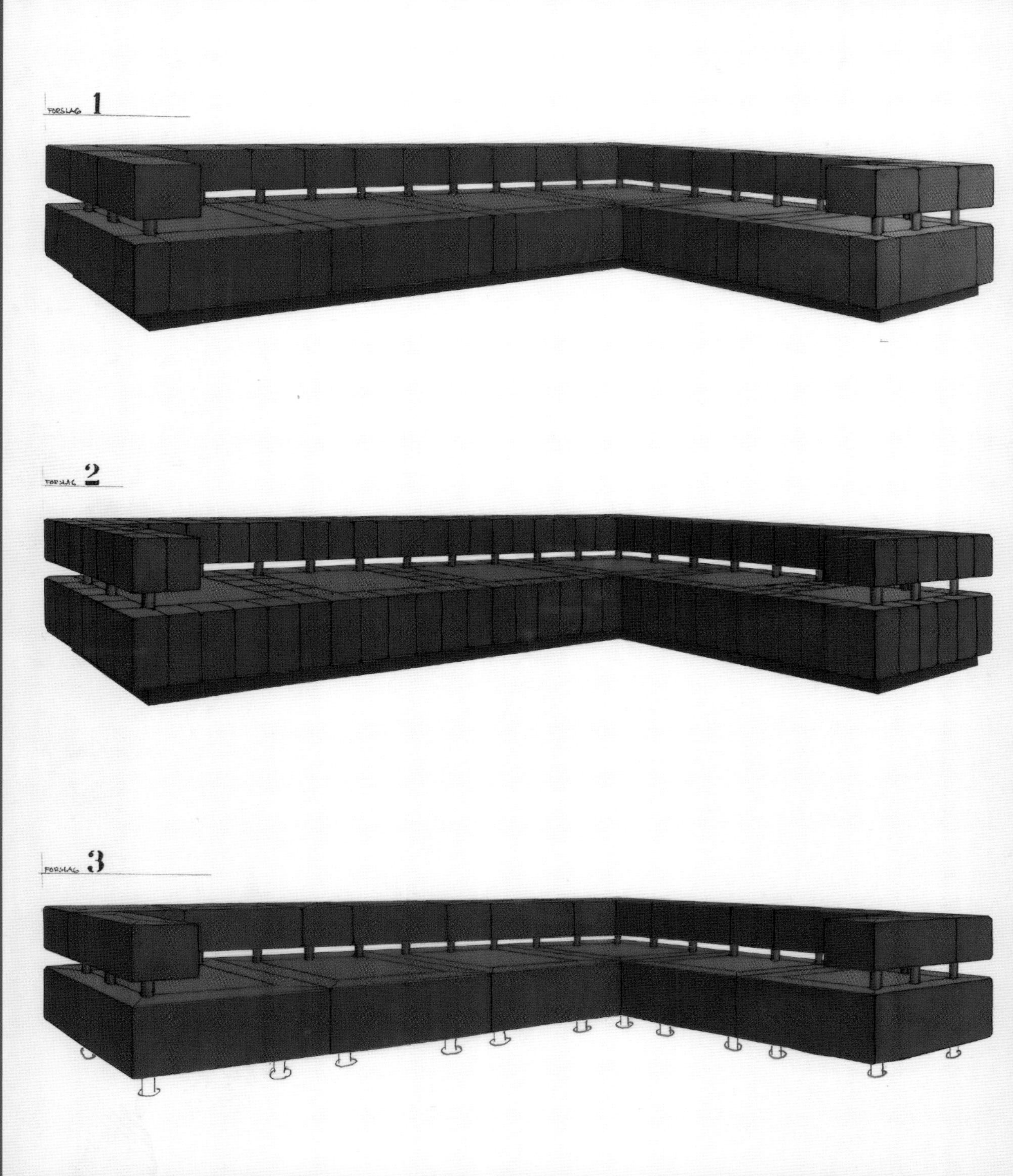
FORSLAG 1
FORSLAG 2
FORSLAG 3

mide, og til Joe Colombos *Tube Chair* (1969) – i produksjon av Flexform fra 1970.[15] Vi har foreløpig ingen kilder som direkte dokumenterer en slik forbindelse, men i holdning og uttrykk ses klare fellestrekk.

Som teksten har prøvd å vise, så leverer Ekstrøm meget tidlig interessante bidrag til refleksjon over hvilke funksjoner en stol kan ha, hvordan den kan brukes og betraktes. Den frie eksperimentering i samtidens (spesielt italienske) design, synes å ha åpnet Ekstrøms kreativitet til å bryte radikalt med konvensjonelle løsninger. Implisitt i dette kan vi også ane elementer av en sosialt ansvarlig design, en anti Scandinavian Design-holdning og en streben etter figurativ, postmoderne «Art-design». Det er definitivt behov for studier som går dypere inn i hvordan et ungt, kreativt norsk designmiljø bidro til å redefinere norsk møbeldesign.

1 «Ideen er at samme sete har forskjellige dybder og bredder, og at ryggen har forskjellige høyder, uten reguleringer. På grunn av utformingen kan en variere sittestillingen og også strekke seg ut uten å miste korsryggstøtten». Fra Terje Ekstrøms egen beskrivelse, gjengitt i hans egen C.V., privat arkiv.

2 Isabelle Frank, «Introduction. The Uses of Beauty», i Isabelle Frank (red.), *The Theory of Decorative Art. An Anthology of European & American Writings, 1750–1940* (New Haven & London: Yale University Press, 2000), 23.

3 Le Corbusier: «Type-Needs: Type-Furniture», i Isabelle Frank (red.), *The Theory of Decorative Art. An Anthology of European & American Writings, 1750–1940* (New Haven & London: Yale University Press, 2000), 86. «The human limb objects are type-object, responding to type-needs: Chairs to sit on ...». Originalt utgitt som kapittel VI «Besoins-types. Meubles types» i Le Corbusier, *L'art décoratif d'aujourd'hui*, Paris, 1925.

4 Opplysning som fremkom i forfatterens samtale med Janne Beate Reitan, 9.10.2015. «Edderkopp-referansen» fremkommer også i avisartikkelen «Helt i hundre», *Dagbladet* 5.6.2005, 10.

5 Alois Riegl: «Introduction to *A Historical Grammar of the Visual Arts* (1897-99)», i Isabelle Frank (red.): *The Theory of Decorative Art. An Anthology of European & American Writings, 1750–1940* (New Haven & London: Yale University Press, 2000), 112. Teksten er et utdrag fra Alois Riegl: *Historische Grammatik der bildenden Künste* (1897–99).

6 Robert Venturi: *Complexity and Contradiction in* Architecture (New York: Museum of Modern Art, 1966).

7 Fredrik Wildhagen, *Norge i form: kunsthåndverk og design under industrikulturen* (Oslo: Stenersen Forlag, 1988), 187.

creative freedom of *Ekstrem* can be seen as taking its cue from Italian designs of 1969–70 in the way it challenges sitting positions and in its use of tubular forms and new materials. Like other Norwegian designers of the period, Ekstrøm would have been aware of Achille Castiglioni and Pier G. Castiglioni's conceptual *Mezzadro* (1957), famous for its use of a tractor seat, which began production in 1970. It is also highly likely that he knew of the two-metre-long transparent tubular lamp *Boalum* that Livio Castiglioni and Gianfranco Frattini designed for Artemide, and with Joe Colombo's *Tube Chair* (1969), produced by Flexform starting in 1970.[15] At present we know of no sources that directly document such links, despite the evident similarities in attitude and idiom.

As this text has sought to show, Ekstrøm contributed interesting designs that reflected on the functions it is possible for a chair to perform, and on how a chair can be used and viewed. The spirit of free experimentation in contemporary (especially Italian) design seems to have encouraged Ekstrøm to make a radical break with conventional solutions. Implicit in this, we also detect elements of a socially responsible design, an opposition to Scandinavian Design, and an interest in pursuing figurative postmodern "Art design". There is a definite need for studies that explore in greater depth how a young, creative Norwegian design scene helped to redefine Norwegian furniture design.

1 "The idea is that one and the same seat has different depths and widths, and the back has different heights, without being adjusted. Thanks to its design, one can vary one's position and can stretch out without losing lower back support." From Terje Ekstrøm's own description, quoted in his CV. Private archives.

2 Isabelle Frank, "Introduction. The Uses of Beauty", in Isabelle Frank (ed.), *The Theory of Decorative Art. An Anthology of European & American Writings, 1750–1940* (New Haven & London: Yale University Press, 2000): 23.

8 Titti Couroculis og Karl-Erik Granath, «Varför inte bo som bina», *Femina*, nr. 35, 1969, 99.
9 Fra Terje Ekstrøms egen beskrivelse, gjengitt i hans egen C.V., privat arkiv.
10 Titti Couroculis og Karl-Erik Granath, «Varför inte bo som bina», *Femina*, nr. 35, 1969, 99.
11 Bruken av sekskanten er også interessant ved at Ekstrøm etter studiene på SHKS nå begynner sin virksomhet ved Tandberg og senere skulle utvikle høyttaleren *Fasett* (1973).
12 Fredrik Wildhagen, *Norge i form: kunsthåndverk og design under industrikulturen* (Oslo: Stenersen Forlag, 1988), 199.
13 Stolen er datert september 1970. Imidlertid er det påfallende at Ekstrøm i september 1972 har utkast til en rekke andre stoler, som denne stolen muligens kunne vært en del av. Tegninger i privat arkiv.
14 Opplysninger gitt av Terje Ekstrøm i følge egen C.V., privat arkiv.
15 Opplysninger om disse stolene fremkommer i boken Silvano Annicchiarico (red.): *1945–2000: Design in Italy. Il design in Italia* (Roma: Gangemi Editore, 2001).

3 Le Corbusier, "Type-Needs: Type-Furniture", in Isabelle Frank (ed.), *The Theory of Decorative Art. An Anthology of European & American Writings, 1750–1940* (New Haven & London: Yale University Press, 2000): 86. "The human limb objects are type-object, responding to type-needs: Chairs to sit on ..." Originally published as chapter VI "Besoins-types. Meubles types" in Le Corbusier, *L'art décoratif d'aujourd'hui*, Paris, 1925.
4 Information that emerged in the author's conversation with Janne Beate Reitan, 9 October 2015. The "spider reference" also occurs in the newspaper article "Helt i hundre", *Dagbladet* 5 June 2005, 10.
5 Alois Riegl, "Introduction to A Historical Grammar of the Visual Arts (1897–99)", in Isabelle Frank (ed.), *The Theory of Decorative Art. An Anthology of European & American Writings, 1750–1940* (New Haven & London: Yale University Press, 2000): 112. The text is an extract from Alois Riegl, *Historische Grammatik der bildenden Künste* (1897–99).
6 Robert Venturi, *Complexity and Contradiction in Architecture* (New York: Museum of Modern Art 1966).
7 Fredrik Wildhagen, *Norge i form: kunsthåndverk og design under industrikulturen* (Oslo: Stenersen Forlag, 1988): 187.
8 Titti Couroculis and Karl-Erik Granath, "Varför inte bo som bina", *Femina*, no. 35, 1969, 99.
9 From Terje Ekstrøm's own description, quoted in his own CV. Private archives.
10 Titti Couroculis and Karl-Erik Granath, "Varför inte bo som bina", *Femina*, no. 35, 1969, 99.
11 The use of the hexagon is also interesting because, following his studies at SHKS, Ekstrøm began working for Tandberg, where he would later develop the *Fasett* loudspeaker (1973).
12 Fredrik Wildhagen, *Norge i form: kunsthåndverk og design under industrikulturen* (Oslo: Stenersen Forlag, 1988): 199.
13 The chair is dated September 1970. However, it is striking that in September 1972 Ekstrøm sketched a range of other chairs to which this design could conceivably belong. Drawings in private archives.
14 Information from Terje Ekstrøm's CV. Private archives.
15 Information on these chairs can be found in Silvano Annicchiarico (ed.), *1945–2000: Design in Italy. Il design in Italia* (Rome: Gangemi Editore, 2001).

Den motvillige postmodernist – Terje Ekstrøm og sittekonseptet «Ekstrem»

Trygve Ask

The Reluctant Postmodernist – Terje Ekstrøm and His "Ekstrem" Seating Concept

Trygve Ask

Fig. 1
Stolen *Ekstrem*, Terje Ekstrøm, designet i 1972, produsert 1984 av Hjellegjerde A/S, fra 1989 av Stokke Fabrikker A/S og fra 2006 av Varier Furniture A/S

Ekstrem chair, Terje Ekstrøm, designed 1972, produced 1984 by Hjellegjerde A/S, from 1989 by Stokke Fabrikker A/S and from 2006 by Varier Furniture A/S

Det første møte med «Ekstremstolen»

Sommeren 1984 hadde den italienske Memphis-gruppen utstilling på Galleri F15 i Moss. Store deler av designmiljøet i hovedstaden valfartet dit for å se med selvsyn dette fenomenet, som første gang ble stilt ut i Milano 1981. Memphis-gruppen var den kanskje fremste eksponenten for postmodernismen i møbeldesign og budskapet var at designere og arkitekter skulle bryte med modernismens og funksjonalismens regelvelde. Design skulle være fargerikt og moro. Memphis brukte laminat, sprø mønstre, sterke farger og geometriske former som ikke nødvendigvis var funksjonelle.

Midt oppi denne voksende interessen for eksperimentell formgivning ble *Ekstrem* lansert fra Hjellegjerde møbelfabrikk – og passet perfekt inn i tiden [fig. 1]. Stolen er, som navnet antyder, ekstrem i sin form. Den består av flere sylinderformer, som er vridd og snodd til en bredbeint, antropomorf helhet. Den bærende stålstrukturen er skjult av mykt skum og en helstrikket strømpe, som kunne fås i mange farger. Man kunne for den saks skyld strikke sin egen strømpe og dermed få akkurat det mønsteret eller fargen man vil. Hele stolen innbyr til lek og gir brukeren mulighet til å sitte på både konvensjonelle og ukonvensjonelle måter.

I tidsskriftet *Bonytt* (10/1985) ble *Ekstrem* presentert i en leilighet sammen med en fargerik Memphis-inspirert selvbygget sofa, i tillegg til Memphis-plakater, bordduk i gjennomsiktig plast og minimalistiske, rosa stålbord. Det skulle være «trend» og representerte ifølge *Bonytt* «Modern Life». Ekstrøm selv var imidlertid ingen postmodernist; han syntes postmodernismen var tåpelig[1] og for mye fokusert på utseende. I et kort intervju

The first encounter with the "Ekstrem" chair

In the summer of 1984, the Italian Memphis Group exhibited at Galleri F15 in Moss. Large numbers people from Oslo's design community flocked there to see with their own eyes this phenomenon that was first shown in Milan in 1981. The Memphis Group were perhaps the foremost exponents of Postmodernism in furniture design, and the message was that designers and architects should liberate themselves from the rules of Modernism and Functionalism. Design should be colourful and fun. Memphis used laminates, crazy patterns, vibrant colours and geometric shapes that were not necessarily functional.

Amid this growing interest in experimental design, the Hjellegjerde furniture factory launched *Ekstrem* [fig. 1]. This chair was perfectly in tune with the age. As its name suggested, its form was extreme. It consisted of several cylindrical elements twisted and bent to create a squat, anthropomorphic form. The supporting steel structure was concealed in soft foam and a single-piece knitted covering that could be had in a range colours. You could even knit your own covering to get exactly the pattern or shade you desired. All in all, the chair was an invitation to play and gave its user opportunity to sit in numerous conventional and unconventional ways.

The journal *Bonytt* 10/1985 showed *Ekstrem* in an apartment together with a colourful Memphis-inspired self-built sofa, Memphis posters, a table cloth of transparent plastic and a minimalist pink steel table. Such were the "trends" that typified "Modern Life", according to *Bonytt*. Yet Ekstrøm was no Postmodernist. In his view, Postmodernism was superficial[1] and placed too much emphasis

med *Bonytt* kommenterer Ekstrøm Memphis-utstillingen:

> *Kritisk sett går det for mye på å gi produktet et annet utseende, på bekostning av andre funksjoner som også burde vært løst. Det er ikke nok bare å skape et annerledes utseende når et produkt skal utvikles, – da bør det i såfall kalles skulptur, ikke møbel.*[2]

Produktene til Ekstrøm skulle være funksjonelt optimale og effektive i materialbruk. Slik sett var han en funksjonalistisk minimalist[3]. Historiker Eldar Høidal ved Norsk Møbelfaglig Senter, kobler det nye frislippet i møbelformgivningen til jappe-tiden:

> *I midten av 1980-åra fekk vi den såkalla jappeperioden. Den var mellom anna karakterisert ved at menneske med investeringslyst, idear og talegåver kunne stable på beina store formuar på kort tid. [...] Også unge menneske fekk meir pengar mellom hendene og delar av næringslivet tilpassa produkta sine til ein meir ungdommeleg forbrukargruppe.*[4]

I Nasjonalmuseets utstilling «Design og kunsthåndverk 1905–2005»[5] i Kunstindustrimuseet er *Ekstrem* plassert sammen med tre-fire møbler fra Memphis og en annen 80-talls stol, *HÅG Capisco* av Peter Opsvik, denne siste for anledningen kledd i sebramønster. *Ekstrem* passer fint inn; på samme måte som Memphis-møblene skiller den seg sterkt fra hvordan en stol tradisjonelt skulle se ut. Men, det er kun når vi ser *Ekstrem* som et enkeltstående, skulpturelt objekt at denne sammenstillingen fungerer.

For Terje Ekstrøm var *Ekstrem* et konsept for sitting, som ble utforsket gjennom en hel familie

on appearance. In a brief interview with *Bonytt* Ekstrøm commented on the Memphis exhibition:

> *Critically speaking, it's too concerned with making the product look different, at the expense of other functions, which also need to be thought about. It's not enough just to create a different look when developing a new product – if you do that, then you should call it sculpture, not furniture.*[2]

For Ekstrøm, products had to be optimally functional and efficient in their use of materials. In this way he was a functional Minimalist.[3] Historian Eldar Høidal of the Norwegian Furniture Centre links this new liberated approach to furniture design to the Yuppie era:

> *In the mid 1980s, we experienced the so-called Yuppie period. One of its characteristics was that people who wanted to invest, and who had ideas and the gift of the gab, could amass fortunes in short times. ... Even young people had money to spare, and many manufacturers adapted their products to suit more youthful consumer tastes.*[4]

At the National Museum's exhibition *Design and Decorative Arts 1905–2005* at the Museum of Decorative Arts and Design,[5] *Ekstrem* is displayed alongside a clutch of Memphis items and another 1980s chair, the *HÅG Capisco* by Peter Opsvik. The latter is dressed for the occasion in a zebra-stripe cover. *Ekstrem* fits in nicely. Like the Memphis designs, it differs considerably from conventional ideas of what a chair ought to look like. But *Ekstrem* only comes into its own when we view it as a free-standing sculptural object.

av sittemøbler. Stolen som er utstilt i Kunstindustrimuseet, er den mest kjente og eneste som er i produksjon i dag. Den hadde tilnavnet *Original*. Resten av familien vokste frem mellom 1982 og 2005 og bestod av: *Ekstrem Mini*, *Ekstrem Maestro*, *Ekstrem Puzzle*, *Ekstrem Multi*-sofa, *Ekstrem Multi*-stol og *EkstreMicro*-stol og elevpult. Noen av disse har vært forsøkt satt i produksjon, enkelte modeller har vunnet konkurranser, mens andre har forblitt prototyper. Når vi studerer denne møbelfamilien fremstår Terje Ekstrøm altså som funksjonalistisk minimalist. Alle deler av møblene skulle ha en funksjon og alle delene skulle være ressursbesparende i forhold til materialforbruket. Derfor kan vi si at Terje Ekstrøm er blitt et ufrivillig og motvillig postmodernistisk-ikon.

Tilbake til begynnelsen av 70-tallet

Hvis man var interessert i formgivning på 70-tallet så var det kunsthåndverkeren som var forbildet. I motsetning brukskunstbevegelsens ønske om et tettere samarbeid med industrien, fremmet kunsthåndverkerne idealet om eget verksted, gjerne på landet, der man kunne produsere keramikk, glass eller tekstiler. Formgiveren skulle ha full kontroll fra idé til ferdig produkt og produktene skulle lages for hånd av kunstneren selv. I kontrast til denne grupperingen stod industridesignerne som fortsatt ønsket å formgi for industrien og gjerne produkter som ikke var en del av det man på den tiden kalte bohave eller innbo på dagens norsk.[6] Brukskunstbevegelsen hadde stort sett konsentrert seg nettopp om kopper og servise, bestikk, stoler, bord og annet innbo. I dette landskapet befant Ekstrøm seg et sted mellom brukskunstbevegelsen og in-

For Terje Ekstrøm, *Ekstrem* was about a concept for sitting, which he explored through a whole family of chairs. As the best known and only version still in production, the chair on display at the Museum of Decorative Arts and Design was given the name *Ekstrem Original*. The rest of the family, which was added between 1982 and 2005, consists of *Ekstrem Mini*, *Ekstrem Maestro*, *Ekstrem Puzzle*, *Ekstrem Multi* sofa, *Ekstrem Multi* chair and the *EkstreMicro* chair and school desk. Attempts have been made to begin production of some of these; a couple of models have won competitions, while others have remained prototypes. It is when we study this family as a whole that we recognise Terje Ekstrøm as a functional Minimalist. Every aspect of his designs should have a function and every component should be resource-efficient in terms of the materials used. Consequently, to the extent that Terje Ekstrøm is now a Postmodernist icon, he became so reluctantly and against his will.

Back to the early 1970s

For anyone interested in design in the 1970s, arts and crafts represented the ideal. In protest against the applied arts sector, which was seeking ever closer cooperation with industry, many designers chose to move to the country and set up independent workshops, where they produced pottery, glass or textiles. The designer should be in control from the initial idea through to the finished product, and his or her products should be made by hand by the artist him- or herself. The antithesis to this group was the industrial designer who wanted to work for the manufacturing sector, and preferably design products that didn't match the current notion of household objects.[6] The arts and

dustridesignerne. Han var eksperimentell og nyskapende, men også opptatt av materialeffektivitet og miljøvennlige og funksjonelle løsninger.

Terje Ekstrøm har mye til felles med andre profilerte møbeldesigner fra 70-tallet. Peter Opsvik tegnet i 1973 *Tripp Trapp*-stolen. Han hadde studert ergonomi i Essen, Tyskland i 1970. Opsvik ble senere med i Balans-gruppen sammen med Svein Gusrud, Oddvin Rykken og Hans Christian Mengshoel. Ifølge samboeren, Janne Beate Reitan, ble Ekstrøm invitert til å bli med i denne gruppen, men takket nei fordi han mente prinsippet med knelestolen var kjent fra før og dermed ikke en original idé.[7] Originalitet var spesielt viktig for Ekstrøm, som for store deler av designmiljøet på denne tiden.

Ifølge Reitan var ikke Ekstrøm så interessert i teori. Ikke desto mindre er det flere hendelser ved Statens håndverks- og kunstindustriskole (SHKS) – hvor Ekstrøm var student på slutten av 1960-tallet – som kan ha påvirket ham. Designer og aktivist Victor Papanek, mest kjent for boka *Design for the Real World* fra 1971, holdt foredrag på SHKS da skolen feiret 150-års jubileum i 1968. Hans budskap var at designere måtte slutte å formgi ting og heller bruke kreativiteten sin på å løse viktige problemer i verden. For Papanek var det særlig problemer knyttet til fattige, utviklingsland, eldre og funksjonshemmede som måtte løses. Dette budskapet slo gått an blant studentene og utover 70-tallet ser vi mange prosjekter ved SHKS som har dette utgangspunktet.[8]

crafts movement concentrated mostly on cups and crockery, cutlery, chairs, tables and other household objects. In this landscape, Ekstrøm has to be placed somewhere between the arts and crafts movement and industrial designers. He was experimental and innovative, but also concerned about material efficiency and environmentally friendly and functional solutions.

Ekstrøm has a lot in common with other renowned furniture designers of the 1970s. In 1973, Peter Opsvik designed the *Tripp Trapp* chair. Opsvik had studied ergonomics in Essen, Germany, in 1970. Later in the 1970s, he became part of the Balans group, along with Svein Gusrud, Oddvin Rykken and Hans Christian Mengshoel. According to Ekstrøm's partner, Janne Beate Reitan, Ekstrøm was invited to join the group, but he declined because he believed the concept of the kneeling chair was known from elsewhere.[7] Originality was of particular importance to Ekstrøm, as it was to the majority of the design community at the time.

According to Reitan, Ekstrøm had no special interest in theory. Even so, a number of events at the Oslo National College of Art and Design (SHKS) in the late 1960s, when Ekstrøm was studying there, may have influenced him. Designer and activist Victor Papanek, best known for his 1971 book *Design for the Real World*, gave a talk at SHKS on the occasion of the college's 150th anniversary in 1968. His message was that designers should stop designing things and devote their creativity instead to solving important problems in the world. In particular, the problems Papanek regarded as in need of solution had to do with poverty, the developing world, the elderly and the handicapped. It was a message that many of the students took to heart, and in the course of the 1970s we see many projects at SHKS adopting this as their starting point.[8]

Verdianalyse

På slutten av 60-tallet og utover på 70-tallet gjorde systematisk produktutviklingsmetodikk seg mer gjeldende.[9] På SHKS ble det blant annet undervist i verdianalyse. Verdianalyse er et systematisk studium av alle komponenter et produkt består av med sikte på å unngå unødige kostnader i produksjonen. Først skulle man kartlegge hva det er som bidrar til produktets verdi sett fra et salgssynspunkt, deretter skulle man vurdere om andre materialer kunne benyttes eller om noen komponenter kunne sløyfes. Også bruk av standardkomponenter eller andre fremstillingsmåter skulle vurderes og besvares.[10]

En svært konkret bok når det gjelder denne typen metodisk tilnærming til funksjon og produktform er *Systematisk udformning af industriprodukter: værktøjer for konstruktøren* av Eskild Tjalve utgitt i 1976. Allerede i 1964 hadde professsor Bruce Archer ved Royal College of Art i London utgitt boka *Systematic Methods for Designers*. Felles for denne typen systemtenkning er at funksjonen til et produkt blir abstrahert og analysert. Designeren kan distansere problemet som skal løses fra tradisjonelle former og løsninger – dermed åpner man et kreativt rom for nye formale løsninger utfra gamle problemer. *Tripp Trapp*-stolen, *Balans*-konseptet og ikke minst *Ekstrem*-konseptet til Ekstrøm er eksempler på slik abstrahering av sittefunksjonen. På denne bakgrunnen kan det være riktig å kalle denne generasjonen møbeldesigner «ultra-funksjonalister». Eller som Svein Gusrud skriver om HÅG AS og *Balans*-konseptet, som han selv var med på å utvikle: «[Det skulle bli] mer dyptpløyende funksjonalistisk enn selv funksjonalistene maktet.»[11]

Denne abstraksjonen og lek med funksjonene i et produkt ser vi også i kassettspilleren som Ekstrøm

Value analysis

In the late 1960s and the 1970s, the methodology of systematic product development became steadily more relevant.[9] One of the courses offered at SHKS was in value analysis. This involves the systematic study of every component in a product in order to eliminate unnecessary production costs. First, one identifies what it is that constitutes the product's value from a sales point of view. Subsequently, one assesses whether components could be exchanged or omitted. The possibility of using standard components or other production methods should also be considered and addressed.[10]

A highly relevant book when it comes to this kind of methodical approach to function and product design is *Systematisk udformning af industriprodukter: værktøjer for konstruktøren*, published by Eskild Tjalve in 1976. As early as 1964, Professor Bruce Archer at the Royal College of Art in London had published the book *Systematic Methods for Designers*. What these types of systematic thinking had in common was the abstraction and analysis of a product's function. By disassociating the problem to be solved from traditional forms and solutions, the designer can open up a creative space for new formal approaches to old problems. The *Tripp Trapp* chair, the *Balans* concept, and not least Ekstrøm's *Ekstrem* design are all examples where function has been abstracted in this way. And it is this that justifies calling this generation of furniture designers ultra-Functionalists. Or, as Svein Gusrud wrote about HÅG AS and the development of the *Balans* concept, to which he too contributed: "[It should be] more profoundly functional than even Functionalism could achieve."[11]

tegnet da han jobbet for Tandberg. Innstikket av kassetten er snudd 90 grader slik at spilleren både kan brukes liggende, stående og hengende på veggen. Motoren er flyttet så langt vekk fra lydhodet som mulig, for å unngå støy. Det samme ser vi i høyttaleren *Fasett*. Formen er unektelig utradisjonell, men Ekstrøms argumentasjon for formen er at den skal være plasseringsvennlig. Den kan vippes og snus i ulike posisjoner og henges på veggen eller fra taket. Flere stykker kan dessuten kobles i en klase og dermed utvide høyttalerens bruksområde.

Kjennskap til kroppen og sitting er en naturlig del av møbelfaget. Metodisk ergonomisk analyse var derimot ikke så viktig for Ekstrøm.[12] 1970-tallet fostret en bemerkelsesverdig samling unge, norske møbeldesignere, som ønsket å utfordre måten vi satt på og hvordan sittefunksjon kunne løses med nye og innovative løsninger. Med den stadige strømmen av nye påfunn var det alltid stor spenning på møbelmessene rundt i Skandinavia om hva nordmennene ville stille ut. Ekstrøm derimot ligger nærmere Victor Papaneks idealer om å se på design først og fremst som problemløsning. Han er en bokstavtro funksjonalist fordi formen (som estetiske uttrykk) ikke er det primære. Det primære er hvordan formen løser et problem, som for *Ekstrem* er å variere sittestillingen og setedybden. Det at formen skulle følge funksjonen mener jeg forøvrig blir understreket av de forskjellige stolene i *Ekstrem*-serien. Det er kun som enkeltstående objekt at *Ekstrem Original* kan tolkes som postmoderne. Legger man til de andre møblene i serien blir det etter min oppfatning helt tydelig at Ekstrøm er en pragmatisk funksjonalist.

Selv om det ikke kan kalles anti-design, så er det en viss grad av anti-estetikk i Ekstrøms arbeider. Hans visuelle formspråk ligger nærmere popdesign enn anti-design.[13] Ekstrøm har mer til felles

This abstraction and experimentation with a product's functionality are also evident in the cassette player Ekstrøm designed while working for Tandbergs Radiofrabrikk. The cassette bay has been turned through 90 degrees, allowing the player to be used lying, standing or hanging on the wall. The motor has been placed as far as possible from the play-back head in order to reduce noise. The same approach can be seen in the *Fasett* (Facet) loudspeaker. The shape is indisputably unconventional, but Ekstrøm's justification for this form is that it should be easy to position. It can be tilted and turned in various orientations or hung on the wall or ceiling. Moreover, several of them can be linked into a cluster, thus expanding the speaker's range of application.

Knowledge of the body and how one sits were part of the furniture designer's training. But for Ekstrøm, methodical ergonomic analysis was not especially important.[12] The 1970s spawned a remarkable group of young Norwegian furniture designers who wanted to challenge our sitting habits and to change them by means of new and innovative solutions. The steady stream of new ideas that they produced meant that it was always exciting when visiting furniture trade fairs around Scandinavia to see what the Norwegians would come up with next. Ekstrøm on the other hand is closer in spirit to Victor Papanek's ideals of approaching design as a matter of problem solving. He remained a steadfast Functionalist in regarding the external form of a product (as aesthetic expression) to be of secondary importance. What really mattered was how the external form solves a problem, which in the case of *Ekstrem* was to allow varied seating postures and seat depth. The idea that form should follow function is, in my view, further underlined by the other chairs in the *Ekstrem* series. Only if the

med Ettore Sottsass' tidlige arbeider fra 60-tallet, da han jobbet for Olivetti, eller med Joe Colombo og Verner Panton. Ekstrøms bruk av modernistisk geometri er ikke ironisk eller sarkastisk, slik antidesignbevegelsen eller postmodernistenes arbeider hadde tendens til å være.

Ekstrøms lærere ved interiørklassen på SHKS på 60-tallet var blant andre Tormod Alnæs, Bjørnar Larsen og Birger Dahl. Et ideal som Svein Asbjørnsen erindrer var at strukturen i møbelet skulle være synlig og logisk. Man skulle kunne se hvordan produktet var bygd opp.[14] Dette idealet ser vi blant annet i Tormod Alnæs stol *Pony* fra 1953 og i Ingmar Rellings stol *Siesta* fra 1965. I begge møblene ses tydelig et klart skille mellom bærende elementer – bøyd stålrør i *Ponys* tilfelle og laminerte trevanger i *Siesta* – og sitteflaten. Med stolen *Ecco* fra 1969 bryter Svein Asbjørnsen og Jan Lade med dette prinsippet ved å støpe inn den bærende rammen i kaldstøpt skum. Bare litt av rammen er synlig som understell mellom sete og rygg. Dette var en teknikk de hadde lært av produsenter i Italia og som Sandella på Sunnmøre videreførte. Det er den samme teknikken Ekstrøm benytter i *Ekstrem*, men her er hele stålstrukturen skjult i skum. Tilbake står en rendyrket geometrisk form der tekstilstrømpen er heldekkende rundt den vridde sylinderformen [fig. 2]. Dermed får hele stolen et mindre stramt utseende og fremstår som myk og imøtekommende, og ikke som en industriell maskinform. Ekstrøm hadde god observasjonsevne og visste hvordan han kunne integrere funksjon i et organisk produkt – en kreativ kunstner og ikke kald analytiker.

Stolens i og for seg strenge, men fargerike, geometriske former føyer seg inn i en estetikk som har blitt kjent som pop-design. Denne retningen må ikke forveksles med den modernismekritiske postmodernismen. Pop-design, slik som Joe

Ekstrem Original is viewed as a one-off design can it be regarded as Postmodern. Viewed in conjunction with the other items in the series, it becomes blatantly obvious that Ekstrøm is a pragmatic Functionalist.

Even if it doesn't amount to Anti-design, his work certainly conveys a degree of anti-aesthetics. Ekstrøm's visual idiom is closer to Pop Design than Anti-design.[13] He has more in common with Ettore Sottsass's early designs in the 1960s, when the latter was working for Olivetti, or those of Joe Colombo and Verner Panton. Ekstrøm's use of Modernist geometry is neither ironic nor sarcastic, as so much that came from the Anti-design movement or the Postmodernists was.

Ekstrøm's teachers at the SHKS interior design class in the 1960s included Tormod Alnæs, Bjørnar Larsen and Birger Dahl. One ideal Svein Asbjørnsen remembers them being taught was that the structure of a piece of furniture should be visible and logical. One should be able to see how a product was constructed.[14] Two chairs that illustrate this ideal are Tormod Alnæs' *Pony* from 1953 and Ingmar Relling's *Siesta* from 1965. In both, the weight-bearing elements, which in *Pony* consist of bent steel tubes and in *Siesta* of laminated wood, are conspicuously distinct from the actual seats. Svein Asbjørnsen and Jan Lade ignored this convention in their 1969 *Ecco* chair by encasing the supporting frame in cold-moulded foam plastic. Only a small section of the frame is visible between the seat and backrest. This was a technique they had learned from manufacturers in Italy, and which Sandella in Sunnmøre adopted in turn. It is the same technique Ekstrøm used in *Ekstrem*, although in this case the entire steel structure is concealed by the foam. What remains is a pure geometric shape of twisting cylindrical elements tightly

Colombos *Portable storage system* (1969), Verner Pantons lampe *Flowerpot* (1968) eller Ettore Sotsass' *Valentine* skrivemaskin for Olivetti (1969), representerte ikke en uttalt kritikk av modernismen. Pop-designerne videreutviklet og styrket bruken av de grunnleggende geometriske formene, men med en sterkere fargepalett enn i den sobre etterkrigsmodernismen. De tok funksjonalismen «et hakk videre» og gikk enda dypere i sin analyse av produktenes funksjoner. Samtidig videreførte pop-designerne avantgardeholdningen fra de første funksjonalistene til nye materialer og produksjonsprosesser.

Ekstrem-familien

I 1968 etablerte Alf Midtbust i Møbelprodusentenes Landsforening – i samarbeid med Statens Teknologiske Institutt, Statens håndverks- og kunstindustriskole i Oslo og Statens høgskole for kunsthåndverk og design i Bergen – et etterutdanningsstipendium for møbelformgivere.[15] Stipendiet gav rom for studiereiser og fordypning i møbelformgivningsproblemer i ett år. Ekstrøm mottok dette stipendet i 1972/73.

I 1972 blir de første skissene til *Ekstrem* laget. Utformingen med et utsnitt i setet, gjør at det er enklere å sette og reise seg, fordi en får beina under seg i stedet for at beina er foran kroppen når en setter eller reiser seg. *Ekstrem* skulle også være en stol for gamle og folk med bevegelseshemning. Siden den er myk, har mange kriker og kroker liker også barn å leke i den.

Ekstrøm brukte de neste tolv årene på å vise frem stolen til ulike interessenter og potensielle produsenter uten å få napp. Det var først da det kom en substansiell bestilling fra butikken Scandi-

wrapped in a textile stocking-like covering [fig. 2]. As a result, the entire chair seems less austere and appears soft and inviting rather than industrial or machine made. Ekstrøm had good powers of observation and the ability to integrate function and organic form. He was a creative artist rather than a cold analyst.

The strict but colourful geometric shapes match the aesthetic that has become known as Pop Design. This should not be confused with Modernism-critical Postmodernism. Pop designs such as Joe Colombo's *Portable storage system* (1969), Verner Panton's *Flowerpot* lamp (1968) or Ettore Sottsass' *Valentine* typewriter for Olivetti (1969) all represented an explicit critique of Modernism. The designers further developed and emphasised the use of basic geometric shapes, but with a palette of more intense colours than the sober post-war Modernists. They took Functionalism one step further, probing still deeper in the analysis of their products' functionality. At the same time, they transferred the avant-garde approach of the first Functionalists over to new materials and manufacturing processes.

The Ekstrem family

In 1968, Alf Midtbust of the Møbelprodusentenes Landsforening (National Association of Furniture Producers) collaborated with the Norwegian Institute of Technology and the two national colleges of art and design in Oslo and Bergen to establish a post-educational scholarship for furniture designers.[15] The scholarship enabled the recipient to undertake study trips and to gain further experience of furniture design problems for a whole year. Ekstrøm received this scholarship in 1972–73.

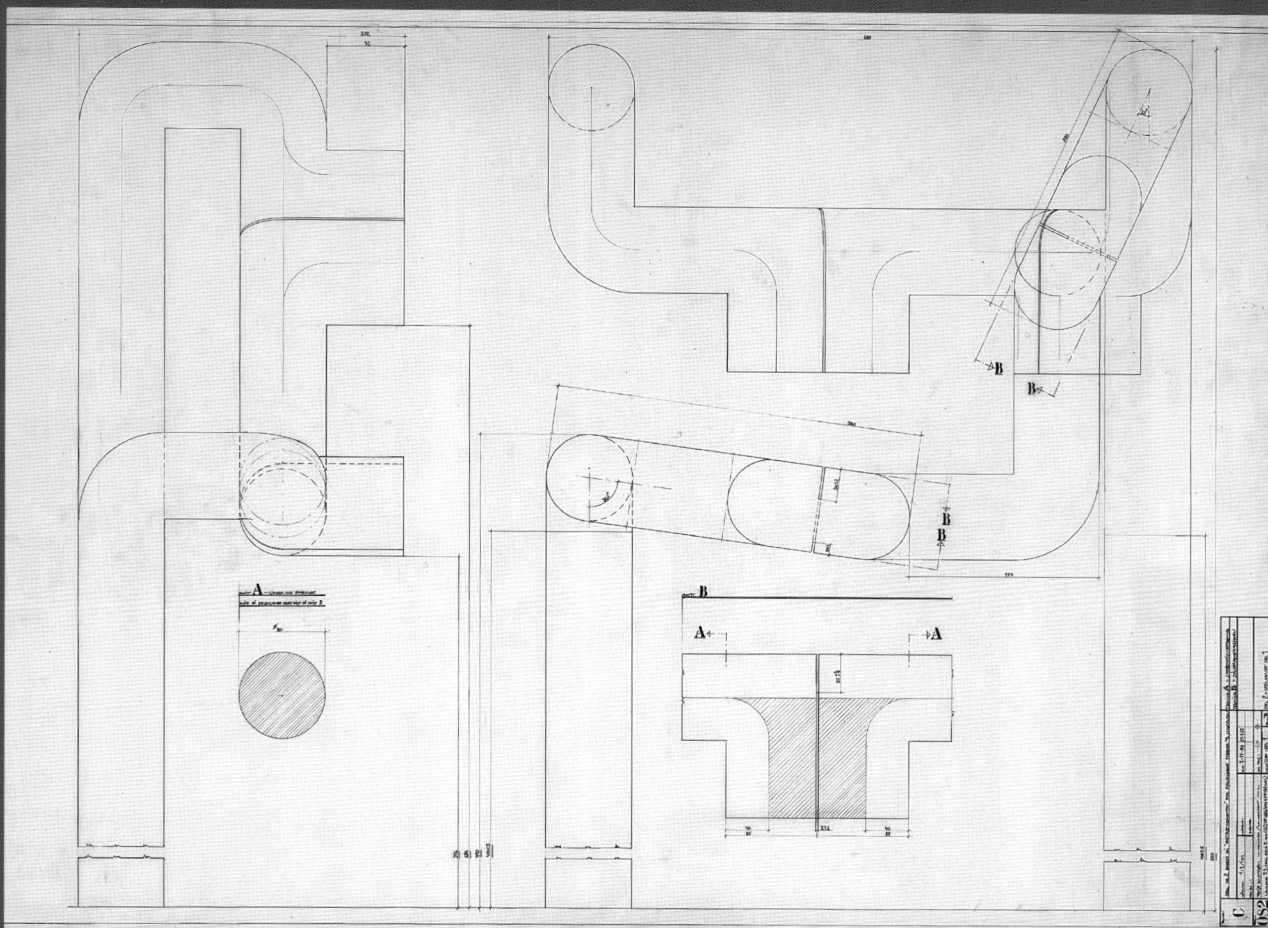

Fig. 2
Tegning *Ekstrem Mini*, Terje Ekstrøm, 1985

Ekstrem Mini design, Terje Ekstrøm, 1985

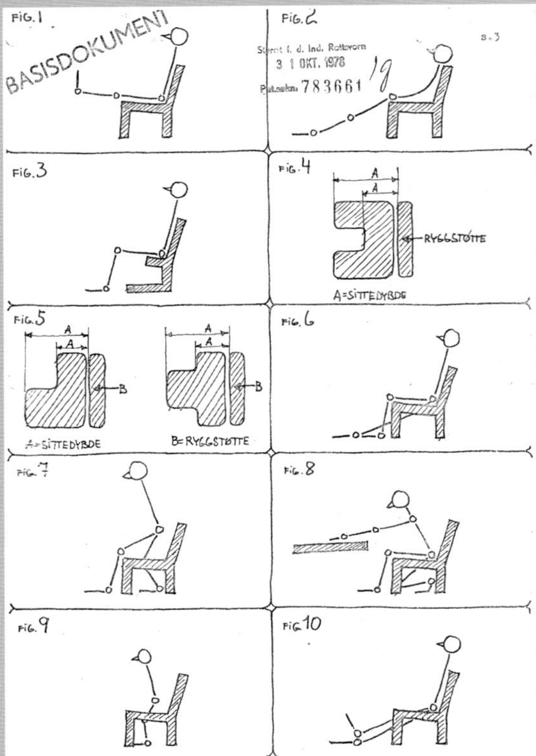

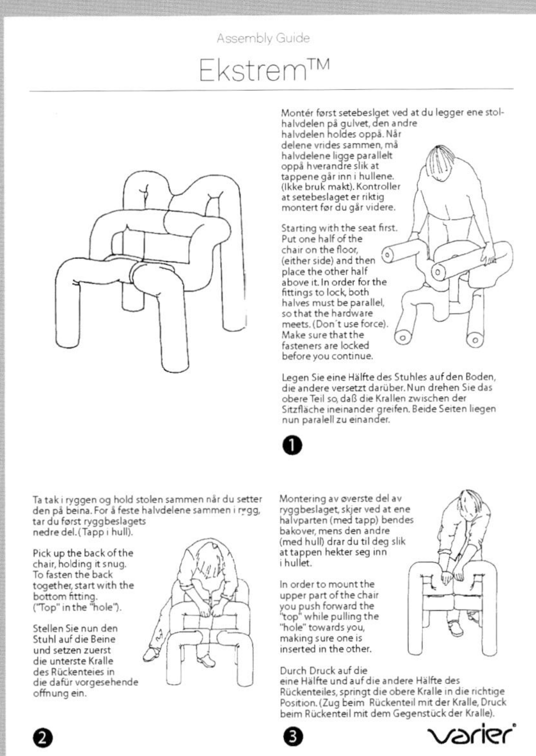

Fig. 3
Patenttegning, *sete med forskjellig sittedybde*, Terje Ekstrøm, 1978

Seat with different seating depth patent illustration, Terje Ekstrøm, 1978

Fig. 4
Bruksanvisning *Ekstrem Orginal*, Variér Furniture AS, 2015

Ekstrem Orginal manual, Variér Furniture AS, 2015

In 1972 he drew the first sketches for *Ekstrem*. The fact that the seat is recessed at the front makes sitting down and getting up easier, because it allows the legs to be positioned beneath the body's centre of gravity at such times, rather than having to keep them in front of the body. *Ekstrem* was also intended as a chair for the elderly and for people with impaired mobility. Since it is soft and has many nooks and crannies, children also enjoy playing on it.

Ekstrøm spent the next twelve years presenting the chair to potential backers and manufacturers, but without success. It wasn't until he received a substantial order from Scandinavian Design, Inc., a store in New York, that anyone showed interest. With that, the Hjellegjerde factory at Sykkylven was persuaded to take on production, with Sandella Fabrikken AS and Sykkylven Stål AS as subcontractors for the foam and the steel frame respectively. The upholstery stocking was knitted by another firm in the Sunnmøre district, Devold of Norway AS, best known for its woollen underwear and for flame retardant fabrics. In order to produce the stocking, Devold developed a special circular-knitting machine.

Production of *Ekstrem* began in 1984. *Ekstrem* didn't really fit with the other items in Hjellegjerde's portfolio, which consisted mostly of more traditional armchairs. Consequently, *Ekstrem* was sold on to Stokke as early as 1988. Stokke was already producing several designs by Peter Opsvik, such as the *Tripp Trapp* and *Balans* chairs. In 2006, Stokke changed its name to Varier. *Tripp Trapp*, and a range of baby buggies and other children's products continue to be made under the Stokke name. One thing that distinguishes *Ekstrem* from the rest of Varier's portfolio is that *Ekstrem* is a static chair, whereas most of the Stokke range either rock or

navian Design Inc. i New York, at noen viste interesse. Da gikk Hjellegjerde fra Sykkylven med på å stå som produsent med Sandella Fabrikken AS og Sykkylven Stål AS som underleverandører for henholdsvis skum og stålrørsramme. Strømpen ble produsert av en annen Sunnmørs-bedrift, Devold of Norway AS, som er mest kjent for å lage ullundertøy og flammehemmende tøy for industri og forbrukere. For å strikke strømpen utviklet Devold en rundstrikkemaskin som er dedikert til *Ekstrem*-strømpen.

Ekstrem ble satt i produksjon 1984. Stolen passet egentlig ikke inn i Hjellegjerdes portefølje, som stort sett bestod av mer tradisjonelle hvilestoler. Derfor ble *Ekstrem* solgt videre til Stokke allerede i 1988. Stokke produserte fra før av flere produkter designet av Peter Opsvik, som *Tripp Trapp* og *Balans*-stolene. Stokke byttet i 2006 navn til Varier. *Tripp Trapp*, barnevogner og andre barneprodukter videreføres under Stokke-navnet. Det som kanskje skiller *Ekstrem* ut fra resten av Variers portefølje er at *Ekstem* er en statisk stol, mens de fleste stolene til Stokke gynger eller vipper. Det de har til felles er at de alle understøtter en aktiv og varierende sittestilling. Det er fortsatt Sandella og Sykkylven Stål som fungerer som underleverandører.

Ekstrem ble patentsøkt 1978, men søknaden strandet pga. økonomi. Når man leser beskrivelsen i søknaden er det tydelig hvordan Ekstrøm tenker seg *Ekstrem* som et sittekonsept og ikke en bestemt stol. Søknaden beskriver funksjonsflatene og hvordan utsnittet i setet skal bidra til at sittestillingen kan varieres. *Ekstrem* er et konsept der setet har forskjellige dybder og bredder. Sittestillingen kan varieres og man kan strekke seg ut uten å miste korsryggstøtte eller skli av setet [fig. 3]. Denne beskrivelsen kan sammenlignes med patentsøknaden til Peter Opsvik for en sadelstol (1984), tilt. What they have in common is that they all encourage active and varied sitting. Sandella and Sykkylven Stål continue to serve as subcontractors.

In 1978 an attempt to patent *Ekstrem* failed for economic reasons. Reading the product description in the application helps to clarify how Ekstrøm conceptualised *Ekstrem* as a seating concept rather than a chair. The application describes the functional surfaces and how the recess in the seat allows a variety of sitting positions. *Ekstrem* was a concept in which the seat could have different depths and widths. One could vary one's sitting position or stretch out one's legs without losing lumbar support or slipping off the seat [fig. 3]. This can be compared with Peter Opsvik's 1984 application to patent the saddle chair that would later become the *HÅG Capisco*. In both cases the external form is the result of functional rather than aesthetic considerations.

The first and best known interpretation of this concept is the *Ekstrem Original*. As mentioned above it consists of a frame of steel tubes and plates clad in foam and a knitted covering. The steel plates also serve as connecting elements for the various sections of the chair. By twisting one section relative to the other, the chair can be taken apart [fig. 4]. When dismantled, it takes up little space and is easy to transport. The covering can be replaced when it becomes worn.

The *Ekstrem Original* has enjoyed great success both nationally and internationally and is represented today in the permanent collection of the Vitra Design Museum in Germany. But unlike Opsvik's *Tripp Trapp* chair, of which more than 8.5 million have been sold so far,[16] *Ekstrem* was never a notable market success. According to an article from the 1990s, sales were between 1,000 and 1,500 units per year. Neither have the other

som senere ble til *HÅG Capisco*. Formen er i begge tilfeller et resultat av funksjon, og i mindre grad av estetiske overveielser.

Den første og mest kjente tolkningen av dette konseptet er *Ekstrem Original*. Den består som sagt av en strikket strømpe og skum på en bærende struktur av stålrør og stålplater. Stålplatene fungerer også som koblingselement mellom de ulike delene stolen er laget av. Ved å vri den ene delen fra den andre kan delene løsnes fra hverandre [fig. 4]. Demontert tar stolen opp lite plass og er lett å frakte. Strømpen kan dessuten byttes ut når den blir utslitt. *Ekstrem Original* har nytt stor oppmerksomhet nasjonalt og internasjonalt og er i dag innlemmet i den faste samlingen til Vitra Design Museum i Tyskland. Men, i motsetning til *Tripp Trapp*-stolen til Opsvik, som til dags dato er solgt i over 8,5 millioner eksemplarer,[16] ble aldri *Ekstrem* en storselger. Ifølge en artikkel på 90-tallet lå salgstallene på 1000–1500 pr. år. De andre modellene i *Ekstrem*-familien er heller ikke blitt noen salgssuksess. De fleste har forblitt modeller eller prototyper. Noe få, som *EkstreMicro* og *Ekstrem Mini* ble satt i produksjon, men ble av ulike årsaker trukket fra markedet etter kort tid.

Rekken av modeller i *Ekstrem*-serien viser tydelig designeren Ekstrøm som minimalistisk modernist. Flere modeller består i stor grad av tynne stålpinner og -rør, med plastkuler som føtter og koblingselementer. På samme måte som med *Curve* er de andre *Ekstrem*-stolene studier over hvor lite som skal til for å skape et sitteredskap. De representer en søken etter optimal form i beste modernistiske ånd – ingenting skal kunne trekkes fra eller legges til.

Felles for alle *Ekstrem*-modellene er at de har blitt utviklet over lang tid med grubling, finpussing, testing og utprøving. *Ekstrem Original* ble altså skissert i 1972, men kom ikke i produksjon før

models in the *Ekstrem* family sold particularly well. Most have remained as models or prototypes. A few, such as the *EkstreMicro* and *Ekstrem Mini*, went into production, but were discontinued for various reasons after a short while.

The different models in the *Ekstrem* series clearly show Ekstrøm to be a minimalist Modernist. Several models consist largely of thin steel rods and pipes with plastic spheres as feet and connecting elements. As with *Curve*, the other *Ekstrem* chairs are studies in how little is required to create a seating device. Although some of them look neither stable nor comfortable, they nonetheless provide the essential support and functionality one needs. They represent a quest for optimal form in the best Modernist spirit. Nothing could be subtracted from or added to them.

One thing all the *Ekstrem* models have in common is their lengthy development time, involving much thinking, refining and testing. The *Ekstrem Original* was first sketched in 1972, but didn't go into production until 1984. Launched the following year, the *Ekstrem Mini* consists of a tubular steel frame covered in foam and fabric like the *Original*, but it differs in lacking the armrests [fig. 5]. It is smaller and easier to position and stack, but it lacks the characteristic generosity of the *Original*. The *Ekstrem Puzzle* sofa from 1985 [fig. 6, 7] builds on the *Ekstrem* concept of a recessed seat. Its form, however, is based not on a continuous cylinder but rather on short, upright cylindrical sections that are merged to form puzzle pieces that connect together to form a sofa. From the models, it appears the intention was to make these from solid foam. The *Ekstrem Puzzle* sofa was not put into production. The *Ekstrem Multi* sofa from 1992 consists of an *Ekstrem Original* that has been reassembled with extra sections inserted in the middle to create

Fig. 5
Interiør fra *Bonytt*, nr. 10, 1985, med *Ekstrem Mini*, Terje Ekstrøm

Interior featured in *Bonytt* magazine no. 10, 1985, *Ekstrem Mini*, Terje Ekstrøm

1984. *Ekstrem Mini*, som ble lansert året etter i 1985, har samme oppbygning med stålstruktur, skum og tekstil som *Ekstrem Original*, men mangler armlenene [fig. 5]. Den er mindre og lettere å plassere og stable, men har ikke samme generøsitet som *Ekstrem Original*. *Ekstrem Puzzle* sofa fra 1985 [fig. 6, 7] bygger videre på *Ekstrem*-konseptet med et utsnitt i setet. Istedenfor å bruke en lang sylinder som formalt konsept er *Puzzle* basert på korte, stående og sammenføyde sylinderformer, som kan kobles sammen for å danne en sofa. Ut fra modellene ser det ut til at de var tenkt i heltrukket

one or two additional seats [fig. 8]. The same central section is also used in the *Ekstrem Multi* sofa (1992). This uses wooden legs or thin steel structures to support the supplementary elements, thus creating an entirely new chair [fig. 9]. The steel chassis also illustrates Ekstrøm's attempts to make the *Ekstrem* more dynamic and mobile. Here he has added a hemisphere underneath the middle of the chair that allows it to rock. The *Ekstrem Multi* was not put into production either.

The most minimal of the *Ekstrem* models are the *EkstreMicro* chair with its school desk and the

Fig. 6 + 7
Skalamodell *Ekstrem Puzzle sofa*,
Terje Ekstrøm, 1985

Ekstrem Puzzle sofa scale model,
Terje Ekstrøm, 1985

Fig. 8
Prototype sofa *Ekstrem Multi*, Terje Ekstrøm, 1992

Ekstrem Multi sofa prototype, Terje Ekstrøm, 1992

skum. *Ekstrem Puzzle* sofa ble ikke satt i produksjon. *Ekstrem Multi* sofa fra 1992 er en delt *Ekstrem Original* hvor mellomstykker settes inn for å skape ett eller to ekstra seter [fig. 8]. Det samme mellomstykket er også brukt i *Ekstrem Multi* stol (1992). Denne bruker trebein eller tynne stålstrukturer for å bære mellomstykket og skaper dermed en helt ny stol [fig. 9]. Med stålunderstellet ser vi også Ekstrøms forsøk på å få *Ekstrem* til å bli mer dynamisk og bevegelig ved å plasser en halvkule

Ekstrem TRE, or *Maestro*, as it was also called. Harald Krogsæter AS, Oslo, began production of the *EkstreMicro* in 2005. The chair and desk are based on a design Ekstrøm submitted to a 1992 competition for contracts relating to the 1994 Winter Olympics in Lillehammer [fig. 10]. The chair consists of two curved steel tubes that support the backrest and the seat. These latter are made of small, thin, curved laminated sheets. The legs are capped with plastic spheres that can also serve as

midt under stolen for å få den til å vugge. *Ekstrem Multi* er heller ikke satt i produksjon.

De to mest minimalistiske av *Ekstrem*-modellene er *EkstreMicro* stol og elevpult og *Ekstrem TRE* eller *Maestro* som den også kaltes. *EkstreMicro* ble satt i produksjon av Harald Krogsæter AS, Oslo i 2005. Stolen og pulten er basert på konkurransebidraget Ekstrøm leverte i 1992 for OL i Lillehammer 1994 [fig. 10]. Stolen består av to bøyde stålrør som skaper bæring for rygg og sete. Rygg og sete er laget av små og tynne, bøyde laminatplater. Beina avsluttes med en plastkule som også kan fungere som koblingselement til andre stoler. Stolen ser ikke veldig komfortabel ut, men gir akkurat den flaten man trenger for å sitte og støtte seg på. Det samme kan sies om *Ekstrem Maestro* fra 1992 [fig. 11]. Den består av bøyde laminatplater der flatene og materialbruken er redusert til et minimum. Ryggen ser ut som en smal fjøl og bakbeinet ender i en tynn pinne med plastkuler på endene. Til tross for denne minimalismen løses stolens funksjon og gir gode sitteflater og ryggstøtte; ikke minst har den det utsnittet i setet som kjennetegner *Ekstrem*-konseptet. *Ekstrem Maestro* ble også forsøkt satt i produksjon i 2005 men ble tatt av markedet etter kort tid.

linking elements to other chairs. Although it does not look particularly comfortable, it provides just the right amount of surface one needs in order to sit and be supported. The same is true of the *Ekstrem Maestro* from 1992 [fig. 11]. Here the chair consists of curved laminated sheets, with the surfaces and constituent materials reduced to a minimum. The backrest looks like a narrow board and the back leg is only a thin rod with a plastic ball on the end. Despite this Minimalism, the chair solves the problem of functionality with sufficient seat surface and backrest. And not least, the seat has the recess characteristic of the *Ekstrem* concept. An attempt was made to start production of the *Ekstrem Maestro* in 2005, but it was taken off the market after a short time.

Fig. 9
Skalamodell stol *Ekstrem Multi*, Terje Ekstrøm, 1992

Ekstrem Multi chair scale model, Terje Ekstrøm, 1992

Fig. 10
Stol *EkstreMicro*. Terje Ekstrøm, Harald Krogsæter AS, 2005

EkstreMicro chair, Terje Ekstrøm, Harald Krogsæter AS, 2005

Fig. 11
Stol *Ekstrem Maestro*, Terje Ekstrøm, Designet i 1982, produsert av Nordic Comfort Products AS i 2004

Ekstrem Maestro chair, Terje Ekstrøm, designed 1982, Nordic Comfort Products AS, 2004

Bokstavtro funksjonalisme og norsk møbelikon

På 80-tallet fikk norske bedrifter økonomiske muligheter til å produsere resultatene av norsk, eksperimentell møbeldesign, så som *Ekstrem*, *Tipp Trapp*, *Balans* og *Capisco*. Alle disse produktene representer 70-tallets «ultra-funksjonalisme» – som ble fanget i jappetid og postmodernistiske forklaringsmodeller. Ekstrøm ligger nærmere Victor Papaneks idealer om å se på design som problemløsning. Han er en bokstavtro funksjonalist fordi formen, som estetisk uttrykk, ikke er det primære for ham. Det primære er hvordan formen løser et problem, som for *Ekstrem*s vedkommende består i å variere sittestillingen og setedybden.

Ekstrem Original kom til i en tid da designerne prøvde å bryte med de nette, forfinede og borgerlige Scandinavian Design-idealene fra 60-tallet. Stolen er blitt både et 80-tallsikon og et postmodernistisk ikon, til tross for at Ekstrøm altså var en funksjonalistisk modernist. Modernistene baserte seg på grunnformer som sirkel, rette linjer og sylinder. *Ekstrem* er grunnleggende én tykk og myk sylinder, som er vridd i rette vinkler for å gi støtte til kroppen. Samtidig har den et avantgardistisk, radikalt grafisk uttrykk. *Ekstrem* spiller på kroppsfasongen og kan dermed bli gjenkjennelig for alle, selv om den ikke ser ut som en klassisk stol. Denne stolen kan finne en ny fortolkning hvert tiår.

Ekstrem Original forblir et ikon i norsk møbelproduksjon. Den er på samme tid en unik modernistisk skulptur og et rasjonelt møbel som gir et optimalt svar på funksjonen å sitte.

Literal Functionalism and Norwegian furniture icon

In the 1980s, the economic conditions were right for Norwegian firms to produce various examples of experimental Norwegian furniture design, such as the *Ekstrem*, *Tripp Trapp*, *Balans* and *Capisco* chairs. All these products represent the ultra-Functionalism of the 1970s, which the notions of the Yuppie period seek to reformulate in a Postmodernist context. Ekstrøm is much closer in spirit to the ideals of Victor Papanek, who regarded design as a problem solving discipline, than he is to the Postmodernist critique of rule-bound Modernism. He is a faithful Functionalist through and through to the extent that he views the aesthetic aspect of form to be of secondary importance. The most important thing about form is the way it solves a problem, which in the case of *Ekstrem* is to offer varied seating positions and seat depths.

The *Ekstrem Original* was conceived at a time when designers were striving to distance themselves from the elegant, refined and bourgeois ideals of Scandinavian Design as it was in the 1960s. The chair has become an icon of both the 1980s and of Postmodernism, yet Ekstrøm was a Functional Modernist. The Modernists based their designs on fundamental shapes such as the circle, the straight line or the cylinder. In essence, the *Ekstrem* is a thick, soft cylinder bent into right angles to provide support for the body. At the same time, the radical, avant-garde, graphic idiom builds on a basic form that is traditional, Minimalistic and Modernist. *Ekstrem* is a chair that plays on body shape, thus making it recognisable to everyone, even though it does not look like a conventional chair. This chair is likely to be reinterpreted every ten years.

1 Janne Beate Reitan, i samtale med forfatter, 29.9.2015.
2 Unni Lombardi og Kari Osvold, «Memphis italia, Interiør Nå norge», *Bonytt* no. 1, 1985, 30.
3 Jeg bruker her funksjonalistisk minimalist som begrep i kontrast til estetiske minimalister som for eksempel Marianne Brandt, Dieter Rams og Jasper Morrison.
4 Eldar Høidal, «Om stolen ekstrem og andre ekstremitetar», undated. http://mobelfagligsenter.no/publikasjonar-og-artiklar/om-stolen-ekstrem/
5 *Design og kunsthåndverk 1905–2005*, sjefs-kurator Widar Halén (Oslo: Kunstindustrimuseet, 2005).
6 Trygve Ask, *God norsk design, Konstitueringen av industridesign som profesjon Norge* (publisert doktorgradsavhandling AHIO, Oslo, 2004).
7 Ulike patenter fantes fra bla. Buzzi, Roma, 1970 og J. Harding Vowles, 1972. I tillegg var Primate av Achille Castiglioni, 1970 en kjent stol. Mengshoels patentsøknad er fra 1979. https://fewrightautonomy.wordpress.com/2012/03/11/the-kneeling-seat/
8 Fredrik Wildhagen, *Norge i form: kunsthåndverk og design under industrikulturen*. (Oslo: Stenersen, 1988), 188.
9 Ibid., 189
10 http://www.lederkilden.no/ordliste/verdianalyse
11 Svein Gusrud. «Møbeldesign i Norge», i Anne Lise Aas (red.), *Rom og møbler gjennom 50 år* (Oslo: NIL, 1995), 139.
12 Janne Beate Reitan, i samtale med forfatter, 29.9.2015.
13 Mer om anti-design i David Raizman, *History of Modern Design: Graphics and Products Since the Industrial Revolution* (London: Laurence King Publishing, 2010), 328–362 og Erlend G. Høyersten, *Fra Design til Anti-design* (Masteravhandling, Universitetet i Bergnen, 1999).
14 Dette er i samsvar med ærlighetstesene i modernismen fra Brent C.Brolin, *Flight of Fancy: The Banishment and Return of Ornament* (London: Academy, 1985). Disse tesene gjentas og bygges ut hos Kjetil Rolness, *Med smak skal hjemmet bygges*, Oslo, 1995. De moralske prinsipper for modernismen var ifølge Brolin og Rolness at produktet eller arkitekturen skulle være et ærlig utrykk for vår tid, strukturen/konstruksjonen, funksjonen, materialene og produksjonsprosessen.
15 Fredrik Wildhagen, *Norge i form: kunsthåndverk og design under industrikulturen*. (Oslo: Stenersen, 1988), 199.
16 http://www.dn.no/nyheter/naringsliv/2013/12/13/tripp-trappstolen-selges-til-sorkoreaner

The *Ekstrem Original* remains an icon of Norwegian furniture production. It is a unique Modernist sculpture and at the same time a rational piece of furniture that provides an optimal response to the function of sitting.

1 Janne Beate Reitan, personal communication to the author, 29 September 2015.
2 Unni Lombardi and Kari Osvold, "Memphis italia, Interiør Nå norge", *Bonytt* no. 1, 1985, 30.
3 Functional Minimalist is used as a concept in contrast to designers like Marianne Brandt, Dieter Rams and Jasper Morrison, who I consider aesthetic Minimalists.
4 Eldar Høidal, "Om stolen ekstrem og andre ekstremitetar", undated. http://mobelfagligsenter.no/publikasjonar-og-artiklar/om-stolen-ekstrem/
5 *Design and Crafts 1905–2005*, curator Widar Halén (Oslo: The Museum of Decorative Arts & Design, 2005).
6 Trygve Ask, *God norsk design. Konstitueringen av industridesign som profesjon Norge* (published doctoral thesis, AHIO, Oslo, 2004).
7 Various patents had been filed, by, among others, Buzzi, Rome, 1970, and J. Harding Vowles, 1972. In addition, there was *Primate* by Achille Castiglioni, 1970, a widely known chair. Mengshoel filed his patent application in 1979. https://fewrightautonomy.wordpress.com/2012/03/11/the-kneeling-seat/
8 Fredrik Wildhagen, *Norge i form: kunsthåndverk og design under industrikulturen* (Oslo: Stenersen, 1988): 188.
9 Ibid: 189.
10 http://www.lederkilden.no/ordliste/verdianalyse
11 Svein Gusrud, "Møbeldesign i Norge", in Anne Lise Aas (ed.), *Rom og møbler gjennom 50 år* (Oslo: NIL, 1995): 139.
12 Janne Beate Reitan: personal communication to the author, 29 September 2015.
13 For more on Anti-design, see David Raizman, *History of Modern Design: Graphics and Products Since the Industrial Revolution* (London: Laurence King Publishing, 2010) and Erlend G. Høyersten, *From Design to Anti-Design* (Master thesis, University of Bergen, 1999).
14 This is consistent with the principle of honesty in Modernism discussed by Brent C. Brolin in *Flight of Fancy: The Banishment and Return of Ornament* (London: Academy, 1985). These are reiterated and developed by Kjetil Rolness in *Med smak skal hjemmet bygges* (Oslo: Aschehoug, 1995). According to Brolin and Rolness, the ethical principle of Modernism was that a product or piece of architecture should be an honest expression of its time, its structure, its function, its material and its production techniques.
15 Fredrik Wildhagen, *Norge i form: kunsthåndverk og design under industrikulturen* (Oslo: Stenersen, 1988): 199.
16 http://www.dn.no/nyheter/naringsliv/2013/12/13/tripp-trappstolen-selges-til-sorkoreaner

TERJE EKSTRØM – Janne Beate Reitan forteller

TERJE EKSTRØM – Janne Beate Reitan Relates

I 530
NY
AJAX
ERCO
BLOND

SELLGREN
SELLGREN

PAGES 62/63

Fig. 1
Terje Ekstrøms atelier, 2015

Terje Ekstrøm's studio, 2015

Fig. 2
Verksted for arbeid i tre, 2015

Terje Ekstrøm's woodworking studio, 2015

Fig. 3
Verksted for arbeid i metall, 2015

Terje Ekstrøm's metalwork studio, 2015

Designer og Familiemann

Kan du fortelle litt om hvordan Terje Ekstrøm arbeidet som designer?

For Terje var det ikke noe skille mellom jobb og fritid. Som hans samboer i over 16 år fra 1997, fikk jeg derfor et nært forhold også til hans profesjonelle virke som designer.

Terje hadde verksted for sveising og tegning i et hus i bakhagen, opprinnelig et uthus som han

Designer and family man

Could you tell us a bit about how Terje Ekstrøm used to work as a designer?

For Terje there was no separation between work and leisure. Consequently, as his partner for over sixteen years from 1997, I also became closely acquainted with his professional work as a designer.

Terje had a workshop for welding and drawing in a building in the back garden, an old outhouse

hadde bygget på en etasje, som han kalte «kontoret» [fig. 1–3]. Etter hvert fikk han treverksted inne i bolighuset i tillegg, og han tok gjerne snekkerverktøyet med ut på verandaen og designet prototyper der.

Stort sett startet prosessen med at han laget prototyper på verkstedene sine, på familiens snekkerverksted eller på Teknologisk Institutt – men det hendte han skisserte ned en idé på en serviett eller lignende ved kafébordet når han var ute på sin daglige lunsj. Aller helst jobba han ved spisebordet i det store åpne allrommet, som var både stue og kjøkken – med prototypene av det han arbeidet med stående rundt seg. Da kunne han midt under middagen reise seg, ta et glass som hadde den riktig radiusen ned fra kjøkkenhylla, legge det på en av prototypene av en stol som sto der og tegne en kurve direkte på prototypen.

Han hadde en direkte tilnærming til design?

Det var først når prototypen skulle klargjøres for produksjon – for å kommunisere med de som skulle produsere – at han egentlig tegnet. Ofte laget han først én prototyp for å utforske funksjonen, for deretter å lage flere, som han kunne justere på for å finpusse det estetiske. Dette var en naturlig designprosess for ham – som var vokst opp i en snekkerfamilie – design direkte i materialer. Allrommet ble også brukt som *Show Room* når produsenter kom på besøk for å se på nye prototyper. Det kunne være en utfordring å få dagligstua til å bli presentabel nok til det formålet.

Så designjobben påvirket familielivet?

Da Heidi, den eldste dattera vokste opp, trodde hun at Terje ikke hadde noen jobb, fordi han stort sett alltid var hjemme. Terje arbeidet for det meste

with an upper floor he had added himself and which he called his "office", and later a carpentry workshop inside the house as well [figs. 1–3]. Terje would often take his woodworking tools out on the veranda to work on his prototypes there.

By and large, he designed by making prototypes in his workshops, or those of the family's carpentry business, or at the Institute of Technology. However, once in a while he would sketch an idea on a napkin or the like at a cafe table when out at lunch. But his preferred workplace was the dining room table in the big open-plan space that served us as both living room and kitchen – with prototypes of what he was working on standing all around. Sometimes he would get up in the middle of dinner, take a glass of suitable radius from a kitchen shelf, place it on the prototype of a chair that was standing about, and draw a curve directly onto it.

His approach to design was quite direct then?

It was only when the time came to prepare the prototype for production, when he had to communicate with those who would make it, that he would really start drawing. He often began by making one prototype in order to explore the function, after which he would build several of them to be able to adjust and refine the aesthetic aspect. For someone who had grown up in a family of carpenters, this was a natural design process – working directly with the materials. Our all-purpose living space also served as a showroom when producers came round to look at new prototypes. It was sometimes quite a challenge to make this part of the house look presentable on such occasions.

hjemme, særlig etter at han ble freelancer på heltid fra 1977. Hele familien ble derfor svært involvert i jobben hans. Da yngstedattera Stina var russ, var hun stolt over å ha et stort bilde av *Ekstrem*-stolen som reklame på russebilen hun og venninnene delte. Sønnen Simen er fotomodell på flere av pressebildene av Terjes design. Heidi fulgte etter hvert i farens fotspor og utdannet seg til industridesigner på Arkitektur- og designhøgskolen i Oslo.

Kan du si litt om hans forhold til Ekstrem-konseptet?

Terje var stolt over å være «ekstrem», han begynte å gå kledd i bare svarte klær lenge før det ble vanlig, helst i lin. Han beholdt sitt lange blonde hår sjøl om det var gått av moten. På visittkortet sto det: industridesigner og interiørarkitekt – møbeldesigner syntes han var for snevert for det han sto for. «På kunst- og håndverkskolen lærte vi å designe alt fra knappenåler til hus» sa han ofte.

Ideen til *Ekstrem*-konseptet med to ulike setedybder i samme sete, fikk han med utgangspunkt i at mora hans skjente på dem når de satt og vippet på stolen i oppveksten. Problemet var at de ikke fikk strekt ut beina og samtidig beholdt støtten i ryggen. I *Ekstrem Original* løste han dette ved å fjerne den fremre delen av setet på midten, slik at en kan strekke ut bena ved å vri litt på seg, og samtidig beholde korsryggstøtten. Trekket på stolen er ei strikka «strømpe» som er tredd på rørene stolen består av. Inspirasjonen kom fra at han likte å strikke som gutt, fortalte han, familien har fortsatt en bamse han strikket i oppveksten.

Terje designet mange ulike stoler og sofaer bygd på dette prinsippet. Da han skulle sette navn på konseptet, forandret han bare én bokstav i navnet bestefaren hadde gitt familien da han kom fra Sverige – EKTRØM ble til EKSTR**E**M.

So his job as a designer influenced the life of the family?

When Heidi, his oldest daughter, was growing up, she thought Terje didn't have a job, because he was almost always at home. Nevertheless, for Terje home was his workplace, even more so from the moment he turned freelance on a full time basis in 1977. As a result, the entire family was very close to his job. During her final year at school, his youngest daughter, Stina, was proud that the car she bought with friends to mark their high school graduation carried a big advert for the *Ekstrem* chair. His son Simen appears as a model on several of the press photos of Terje's design. Heidi eventually followed in her father's footsteps by training as an industrial designer at the Oslo School of Architecture and Design.

What would you say on his Extrem concept?

Terje was proud of being 'extreme'. He started dressing entirely in black long before it became a trend, preferably in linen clothes. He kept his blond hair long even though that hairstyle went out of fashion. On his business card, it said "industrial and interior designer"; for him the term "furniture designer" was too narrow to describe what he stood for. "At the College of Art and Design we learnt to design anything from a pin to a house," he often said.

The background for the *Ekstrem* concept, a chair with two different seat depths, was the fact that his mother had scolded her children for rocking on their chairs as youngsters. The problem was that if they stretched out their legs they would lose the support to the lower back. In the *Ekstrem Original* he solved this by removing the central part at the front of the seat, so that one could stretch out

Oppvekst og utdanning

Terje Ekstrøm hadde altså håndverkerbakgrunn?

Ja, han var utdanna møbelsnekker og møbeltapetserer før han ble designer. Terje kom fra en snekkerfamilie, farfaren hans etablerte snekkerfirmaet Karl Ekstrøm & sønn i 1902, og sønnen var i dette tilfelle Terjes far Trygve. Verkstedet lå i Brennerivеien 11, like ved der konsertstedet Blå ligger i dag. Terje fortalte mange historier fra da han gikk i snekkerlære der. Dessverre brant snekkerverkstedet og de bygde nytt verksted i Lørenskog i 1965, få kilometer fra Fjellhamar, der Terje og de to brødrene hans vokste opp. De tre nesten jevngamle brødrene var mye sammen, spesielt som barn og unge. Sammen med noen kamerater starta de Lørenskog ishockeyklubb i 1963, i dag spiller laget i eliteserien. Logo for klubben var et av Terjes første designoppdrag, og den brukes fortsatt.

En av Terjes onkler var møbeltapetserer, så Terje ble derfor også inspirert til å ta den utdanninga. Men han tok aldri fagbrev hverken som møbelsnekker eller møbeltapetserer, han var fast bestemt på å bli designer. Den eldste broren Jan overtok snekkerverkstedet og senere hans sønn igjen, som drev verkstedet til det ble lagt ned i 2015, etter 113 års drift. Terje hadde stor glede og nytte av å bruke alle maskinene på verkstedet på kvelder og i helger, når han skulle lage større deler til prototyper eller snekre innredning han hadde designet til huset eller hytta.

one's legs by twisting slightly, while retaining the lumbar support. The upholstery fabric is knitted, like a sleeve pulled over the tubing that makes up the chair. He told me that this came about because he really liked to knit as a kid; the family still has a teddy bear he knitted in his childhood.

Terje designed numerous chairs and sofas based on this principle. When he had to find a name for the concept behind his best-known chair, he changed just one letter in the name his grandfather had given his family on moving from Sweden – EKSTRØM became EKSTR**E**M.

Childhood and education

Terje Ekstrøm came from craftsmen?

Yes, he trained as a furniture maker and upholsterer before becoming a designer. He came from a family of carpenters, with his grandfather founding a firm in 1902 that would eventually become Karl Ekstrøm & Son, the son being Terje's father Trygve. The workshop was in Brenneriveien 11, close to where the jazz venue Blå is today. Terje told many stories about his time as an apprentice in the family firm. Unfortunately, the workshop was destroyed by fire, after which they set up a new one in the neighbouring municipality, Lørenskog in 1965, a few kilometres from Fjellhamar, where Terje and his two brothers had grown up. Very close in age, the three brothers spent a lot of time together, especially as children and teenagers. Together with a few friends, they started Lørenskog Ice Hockey Club in 1963, a team that now plays in the premier league. The club's logo features one of Terje's first design assignments, and is still used today.

One of Terje's uncles was an upholsterer, and Terje felt inspired to train in this profession as well.

Fig. 4
Parti fra Langgata, Rodeløkka, Oslo, 2015

Street view, Langgata, Rodeløkka, Oslo, 2015

Huset i Langgata

Hjemmet deres på Rodeløkka hører også til familiehistorien?

Bestefaren Karl Larsson kom som innvandrer fra Sverige rundt forrige århundreskifte og tok altså etter hvert etternavnet Ekstrøm. Han kjøpte huset i Langgata 23 på Rodeløkka i Oslo sammen med sin eldre bror. Etter at besteforeldrene Karl og Marie døde, solgte arvingene huset til Terje og hans fetter Jon Ekstrøm. Huset ble opprinnelig bygget i én etasje på 1860-tallet, og forlenget og utvidet rundt 1900 til tre fulle etasjer med seks leiligheter, slik det står i dag. Huset står på den gule listen over verneverdige hus i Oslo [fig. 4, 5].

Even so, he never took any craft certificate as a furniture maker or upholsterer, because he was determined to become a designer. His older brother Jan took over the carpentry workshop from their father Trygve and Jan's son Vegard continued the business until it closed down in 2015 after 113 years of operation. Terje enjoyed, and benefited greatly from being able to use all the machines in the workshop during the evenings and at weekends when he had to make larger parts for prototypes, or when he built the interiors he had designed for his house or cabin.

Fig. 5
Terje Ekstrøms hus i Langgata 23, Oslo, 2015

Terje Ekstrøm's house, Langgata 23, Oslo, 2015

Terje overtok etter hvert hele huset og restaurerte det innvendig etter eget design. Han tegnet og snekret kjøkken, to innvendige trapper, garderobeskap og sengeløsninger i soverommene. Alt var i heltre kvistfri furu, med åpne hull i stedet for håndtak eller knotter i dørene på kjøkkeninnredninga og garderobeskapene. Til et av badene i huset designet og laget han også en servant i tre, integrert i en hylle.

Da han designet og laget vindeltrappa fra andre til tredje etasje hjemme, konstruerte han den slik at det ikke var noen bærende stolpe i gulvet, den svevde over gulvet. For å få til det fortsatte trappa opp til loftet, der den var festa i taket. Dette

The house in Langgata

Your home in the Rodeløkka is part of the family history too?

Terje's grandfather Karl Larsson moved to Norway from Sweden in the beginning of the last century and eventually changed his surname to Ekstrøm. He bought the house at Langgata 23 in the Rodeløkka district of Oslo together with his older brother. After the grandparents Karl and Marie died, the heirs sold the house to Terje and his cousin Jon Ekstrøm. The house was originally built in the 1860s with only one floor, but around 1900 it was expanded and extended to its current form, with three full floors holding six apartments. The

Fig. 6
Terje Ekstrøms allrom, 2014

Terje Ekstrøm's living area, 2014

var en detalj de færreste la merke til, men noe som var svært viktig for Terje sjøl. Huset beholdt den gamle stilen utvendig mot gata, men hadde en moderne stil innvendig. Blant annet bygde han et «glasshus» som utbygg fra stua i 2. etasje, med veranda utenfor hvor morelltreet i midten fungerte som parasoll [fig. 6–8].

house is on the "yellow list" of listed buildings in Oslo [figs. 4, 5].

Terje eventually took over the whole house and restored its interiors using his own designs. He designed and constructed the kitchen, two interior staircases, the wardrobe cupboards and the sleeping facilities in the bedrooms. The main material is solid, knot-free pine wood, with large holes instead of handles or knobs on the doors of the kitchen units and the wardrobes. For one of the bathrooms he also designed and built a wooden washstand, integrated into a shelving unit.

Casa Ispirazione og kollegialt liv

Det er også et hus i Italia Terje Ekstrøm hadde et nært forhold til?

Ja, for Terje var det bare «huset», men det heter *Casa Ispirazione* og ligger i landsbyen Testico litt oppe i fjellene nordvest i Liguria. Terje var sentral i kjøpet, da folk fra møbelmiljøet i Norge bestemte seg for å skaffe et hus i Italia – i forbindelse med at de var på møbelmessa i Milano hvert år. De som var med i starten var Harald Osvik ved Teknologisk Institutt, møbeldesignerne Torstein Flatøy, Oddvin Rykken, Svein Gusrud, Tone Grimsrud, Peter Opsvik, Reidun Røste og Jan Aamodt, i tillegg til møbelprodusentene Torpe, Hove og Hjellegjerde.

Terje elsket å være der, både sammen med kolleger når det var møbelmesse i Milano og med familien på ferie. Han la ned svært mange timer på at huset skulle bli så bra som mulig, og satte stor pris på at *Ekstrem*-stolen var en del av interiøret der.

Var han opptatt av fagmiljøet?

Møbelmessene rundt omkring i Europa var viktige for Terje, men ikke for å se hva andre designet, for så å lage noe lignende sjøl, slik mange gjorde. For Terje var det viktig å treffe kolleger og ha kontakt med møbelmiljøet generelt – også for å forsøke å finne produsenter for det han hadde designet som ikke var i produksjon. Til messene reiste alle møbelfolk fra hele Norge, det var ikke så mange møteplasser ellers. Etter at Terje slutta på Tandbergs Radiofabrikk i 1977, jobba han stor sett alene, bortsett fra noe samarbeid med Peter Opsvik. Behovet for å treffe kolleger for å snakke fag og ha det moro sammen, var derfor stort. Spesielt var han glad i å være på møbelmessa i København i mai, for å få våren litt på forskudd. Da reiste han alltid med danskebåten og nøt helst turen mest

When it came to the spiral staircase from the first to the second floor, he designed it without a supporting pillar so that it hovered above the floor. To achieve this, he constructed it so that it continued right up into the attic, where it was suspended from the roof. This was a detail few people noticed, but which meant a lot to Terje. In style, the house retains its original exterior on the street-front, but is modern inside. One of the things he built was a "conservatory" extending from the living room on the first floor, which leads out onto a veranda with a cherry tree in the middle to provide shade [figs. 6–8].

Casa Ispirazione and life with colleagues

There is another house, in Italy, which Terje Ekstrøm was quite fond of?

Yes, for Terje it was simply "the house" – it's called *Casa Ispirazione* and it's in the village of Testico in the hills northwest of Liguria. He was involved in the purchase of the house, which served the needs of various people from the furniture scene in Norway who regularly attended the annual furniture fair in Milan. Those who were initially involved in the project were Harald Osvik of the Institute of Technology, the furniture designers Torstein Flatøy, Oddvin Rykken, Svein Gusrud, Tone Grimsrud, Peter Opsvik, Reidun Røste and Jan Aamodt, together with the furniture manufacturers Torpe, Hove and Hjellegjerde.

Terje loved being there, both with colleagues during the furniture fairs in Milan and with the family on holiday. He invested many hours in making the house as comfortable as possible, and greatly appreciated the fact that the *Ekstrem* chair was included in the furnishings.

Fig. 7
Allrom, kjøkkenet og hengende trapp, 2014

Living area, kitchen and suspended staircase, 2014

mulig ute på dekk – i sola. Han reiste årlig også til møbelmessene i Köln, Milano og etter hvert Stockholm.

Du fikk også erfare disse mønstringene?
Ja, jeg var ofte med Terje på reiser gjennom alle disse årene og møtte mange av hans kolleger. Den siste møbelmessa vi besøkte var «100% Norway» på «100% Design», under London Design Festival i 2010. Kuratoren der var redaktør for *Wallpaper*, Henrietta Thompson. Hun hadde bedt spesielt om at *Ekstrem*-stolen måtte være med på den utstillingen.

Fig. 8
Hengende trapp, 2014

Suspended staircase, 2014

Was he very engaged in the professional furniture scene?
Furniture fairs around Europe were important for Terje, although not as a chance to see the designs of others on which to base something similar, which is how many designers used them. For Terje they were an opportunity to meet colleagues and to immerse himself in the furniture scene in general, and to find potential manufacturers for designs that were not yet in production. Virtually everyone in the Norwegian furniture industry visited these fairs, which offered rare occasions for everyone to meet. After quitting at Tandbergs Radiofabrikk in 1977, Terje worked primarily alone, apart from a limited collaboration with Peter Opsvik. Consequently, he greatly welcomed the chance to meet colleagues and have fun. He was especially fond of visiting the furniture fair in Copenhagen in May, where he could get an early taste of spring. On those occasions, he always took the ferry, spending most of the journey out on deck – in the sun. He also regularly visited the annual furniture fairs in Cologne, Milan and later Stockholm.

You had opportunity to experience these fairs yourself?
Yes, I frequently accompanied him on these journeys, getting to know many of his colleagues over the years. The last furniture fair we visited was *100% Norway* at *100% Design*, part of the 2010 London Design Festival. The curator was Henrietta Thompson, the editor of *Wallpaper*, who had specifically asked for the *Ekstrem* chair to be included in the exhibition.

Hi-fi: Visualisering av lyd hos Tandbergs Radiofabrikk

Kjetil Fallan

High Fidelity: Visioning Sound at Tandbergs Radiofabrikk

Kjetil Fallan

Da Terje Ekstrøm gikk ut fra Statens håndverks- og kunstindustriskole i 1968, fikk han sin første jobb hos Tandbergs Radiofabrikk. Etter å ha vært fast ansatt der i to år som industridesigner på fulltid, fortsatte han å arbeide for firmaet frem til 1977 på deltid og som frilanser. Disse årene, hos det som i samtiden var et av Norges mest prestisjefylte høyteknologifirmaer, ga Ekstrøm rikelig erfaring med hva industridesign i praksis bød på av tekniske og økonomiske utfordringer, men også et utradisjonelt og oppfinnsomt arbeidsmiljø som kom til å påvirke arbeidet hans i mange år.

Ekstrøm arbeidet for Tandbergs Radiofabrikk under en dramatisk periode i selskapets historie, som også var en brytningstid for hi-fi-industrien som helhet. Midt på 1950-tallet hadde selskapet rundt 250 ansatte; et tiår senere var tallet 1.000, som så vokste i ekspressfart til 3.000 midt på 1970-tallet.[1] Ekstrøms ansettelse var en del av denne massive utvidelsen, og kontrakten hans gikk ut kun ett år før den norske elektronikkindustriens flaggskip havarerte og ble slått konkurs i 1978. I likhet med mange andre aktører i norsk ferdigvareindustri hadde Tandbergs Radiofabrikk i den tidlige etterkrigstiden kunnet stole på et lite, men beskyttet hjemlig marked, men de nye frihandelsavtalene på 1960-tallet tvang firmaet til å revurdere sine forretnings- og designstrategier med tanke på internasjonal ekspansjon.[2] I denne forvandlingsprosessen kom produktutvikling til å spille en nøkkelrolle, noe som også førte til en mer bevisst implementering av designfaglig kompetanse med tanke på å bygge en rasjonell og levedyktig produktportefølje som kunne betjene de store og uensartede internasjonale markedene.[3]

Det var på 1950- og 1960-tallet at industridesign befestet seg som et eget yrke i de skandinaviske landene. En gruppe designere som jobbet

When Terje Ekstrøm graduated from the National College of Art and Design (Statens håndverks- og kunstindustriskole, SHKS) in 1968, his first job was at Tandbergs Radiofabrikk. Following a two-year period as fulltime, in-house industrial designer, he continued to work for the company on a part-time and freelance basis until 1977. These years with what was then one of Norway's most prestigious high-tech companies gave Ekstrøm ample experience in the technical and economic contingencies of industrial design practice, but also provided him with an unconventional and imaginative work environment that would leave a lasting legacy in his work.

Ekstrøm's tenure with Tandbergs Radiofabrikk overlaps with a dramatic period in the history of the company and coincides with a transitional period for the hi-fi industry as a whole. In the mid 1950s the company had about 250 employees; a decade later the number was 1,000, and in the mid 70s it had mushroomed to 3,000.[1] Ekstrøm's hire, then, was part of a massive expansion, and his contract ended only a year before the flagship of the Norwegian electronics industry ran aground and went into receivership in 1978. Like many other actors in the consumer goods industry, Tandbergs Radiofabrikk had been able to rely on a small but protected domestic market in early post-war period, but was forced to re-think its business- and design strategies with a view to international expansion in the wake of the new free trade agreements of the 1960s.[2] Key to these reorientation processes were more rigorous product development processes and, as part of this, a more conscious implementation of professional design expertise with a view to building a rational and robust product portfolio capable of catering to large and diverse international markets.[3]

Fig. 1
Båndopptaker *TB 6*,
Asbjørn Ollestad,
Tandbergs Radiofabrikk,
1960

TB 6 tape recorder,
Asbjørn Ollestad,
Tandbergs Radiofabrikk,
1960

med oppdragsgivere og prosjekter som lå utenfor brukskunstens tradisjonelle virkeområde, dannet i 1955 yrkesforeningen ID-gruppen, i dag kjent som Norske industridesignere. Tandbergs Radiofabrikk ansatte allerede det samme året Asbjørn Ollestad, en av dem som tidlig ble med i ID-gruppen. Han hadde studert ved Statens håndverks- og kunstindustriskole og var en erfaren møbeldesigner da han begynte på radiofabrikken som firmaets første fagutdannede industridesigner.[4] På den tiden var det bare unntaksvis at firmaer utenfor den tradisjonelle kunstindustrisektoren ga kunstskoleutdannede designere fast ansettelse, noe som gjør stillingen til Ollestad og hans etterfølgere hos

The 1950s and 60s marked the consolidation of industrial design as a profession in its own right in Scandinavia. In 1955, a group of designers working with clients and projects beyond the conventional comfort zone of the applied arts formed the professional body ID-gruppen (later known as Norwegian Industrial Designers). Tandbergs Radiofabrikk employed one of the early members of this group, Asbjørn Ollestad, the very same year. He had studied at the National College of Art and Design and was an experienced furniture designer when he joined the radio factory as its first professionally-trained industrial designer.[4] At that time very few companies outside the traditional decora-

Fig. 2
Reiseradio *TTR 1*, Asbjørn Ollestad, Tandbergs Radiofabrikk, 1963

TTR 1 portable radio, Asbjørn Ollestad, Tandbergs Radiofabrikk, 1963

Tandbergs Radiofabrikk spesielt interessant. Det gir også en pekepinn om hvor mye vekt firmaet la på det som i samtiden var et nytt fagfelt.

Ollestad steg raskt i gradene, og var sjef for firmaets designavdeling gjennom hele 1960-tallet.[5] Dermed hadde han overoppsynet med formgivningen til samtlige av Tandbergs produkter, som gjorde at Ollestad selv og selskapet fikk mye anerkjennelse fra både hi-fi-kjennere og designmiljøet. Da Tandbergs båndopptaker *TB 6* (1960) [fig. 1] og den bærbare transistorradioen *TTR 1* (1963) [fig. 2] ble vist på utstillingen «Norsk/Norwegian Industrial Design» ved Kunstindustrimuseet i Oslo i 1963, ble Ollestad kreditert for produktenes formgivning.[6] For arbeidet med båndopptakerens design ble også Ollestad tildelt Den norske Designpris for 1962. I Alf Bøes oversikt over de første utgavene av Den norske Designpris blir imidlertid båndopptakerens formgivning beskrevet som «teamwork design ved designavdelingen for Tand-

tive arts sector employed art school-trained in-house designers, making Ollestad's – and his successors' – position at Tandbergs Radiofabrikk particularly interesting. It also speaks of the company's appreciation of this then new field of expertise.

Ollestad soon rose to the rank of design manager, and headed the company's design department throughout the 1960s.[5] He thus oversaw the design of all Tandberg products, which won him and the company great acclaim both amongst hi-fi cognoscenti and the design community. When the Tandberg tape recorder *TB 6* (1960) [fig. 1] and the portable transistor radio *TTR 1* (1963) [fig. 2] were shown at the *Norsk/Norwegian Industrial Design* exhibition at the Oslo Museum of Decorative Arts (Kunstindustrimuseet i Oslo) in1963, Ollestad was attributed with the design of these products.[6] The design of the tape recorder also earned him the Norwegian Design Award (Den norske Designpris) for 1962. In Alf Bøe's survey of the first editions of the Norwegian Design Award, however, the design of the above-mentioned tape recorder is described as "teamwork design by the design department at Tandbergs Radiofabrikk" with no mention of Ollestad or other individual designers.[7] This point may seem academic, but it testifies to the fact that in the hi-fi industry, as well as in most related industries, attributing product design to individual designers is more often than not an exercise in futility. The design department at Tandbergs Radiofabrikk worked jointly as a team on virtually all projects, with no room for "signature design".[8] Consequently, the names of individual designers were never used for marketing purposes either.

The relative anonymity of the design of audio-visual equipment, at least compared to furniture,

bergs Radiofabrikk», uten at Ollestad eller noen andre enkeltdesignere nevnes.[7] Dette kan virke som en bagatell, men det viser hvordan det som regel er fåfengt å kreditere enkeltdesignere med et produkts formgivning både i hi-fi-industrien og i lignende bransjer. Designavdelingen hos Tandbergs Radiofabrikk arbeidet sammen som et lag på så å si samtlige prosjekter, uten rom for «signaturdesign».[8] Dermed ble heller ikke enkeltdesigneres navn brukt i markedsføringen.

Den relative anonymiteten til audiovisuelt utstyr, i alle fall sammenlignet med møbler, bordutstyr og slikt, gjelder ikke bare krediteringen, men også selve formgivningen. Da *TB 6* vant Den norske Designpris, fikk den ros fra juryen nettopp for å være uanselig: «Produktets formgivning preges av soliditet og vederheftighet. De synlige tekniske detaljer underordner seg helheten. Apparatet lar seg diskret føye inn i forskjellige miljøer.»[9] Tanken om at slike produkter burde forsvinne inn i bakgrunnen, kom også til syne under den årlige høstutstillingen til Foreningen Brukskunst i Oslo i 1961, hvor ulike designere hadde møblert og innredet en rekke TV-stuer. Det mest ytterliggående forslaget kom fra interiørarkitekten, designeren og ID-gruppenmedlemmet Bjørn A. Larsen, som sammen med Tandbergs Radiofabrikk presenterte et rom hvor et fullstendig audiovisuelt system var innebygd i veggene.[10] Den samme systemlogikken ble også formidlet i reklamematerialet, hvor teksten i en reklame fra 1966 forklarer hvordan: «Med Tandbergs apparat-enheter kan man bygge opp et musikkanlegg som passer for spesielle ønsker og behov – et anlegg som tilfredsstiller skjønnerens strenge krav. Apparatenes moderne og praktiske design vil passe inn i ethvert hjem.»[11] [fig. 3]

Slik sett kan formgivning av denne type eksemplifisere det som samtidige franske, designinteres-

tableware and the like, applies not only to the attribution issue, but also to the design itself. When the *TB 6* won the Norwegian Design Award, the jury praised it precisely for its inconspicuousness: "The design is characterized by solidity and integrity. The visible technical details are subordinate to the overall design. The tape recorder fits harmoniously into various environments."[9] That such products should fade into the background also became apparent at the Applied Art Association of Oslo's 1961 annual autumn exhibition (Foreningen Brukskunst i Oslo), where various designers had furnished and equipped a series of TV rooms. The most radical proposition came from interior architect, designer and member of ID-gruppen, Bjørn A. Larsen, who in cooperation with Tandbergs Radiofabrikk presented a room with complete audiovisual equipment built into the walls.[10] The same systemic logic was mediated in advertisements as well; the text of a 1966 ad explains how: "with Tandberg's equipment-units one can construct a hi-fi system suiting special needs and desires – a system that satisfies the stern demands of the connoisseur. The units' modern and practical design will fit in any home."[11] [fig. 3]

As such, this kind of design eminently exemplifies what French social theorists of the same time with a keen interest in design culture described variously as for instance the "milieu" or "ensemble" of objects (Gilbert Simondon); "the system of objects" (Jean Baudrillard); or "an ecology of objects" (Abraham Moles). Based on a semiological approach to deciphering the meaning of design, their point was that design is best understood not by considering singular objects in an isolated state, but by thinking of objects in the plural and in context. This systemic approach to design analysis had its direct equivalent in the equally systemic

Fig. 3
Reklamebrosjyre som viser Tandbergs produkter som *system*, Tandbergs Radiofabrikk, ca. 1963

Advertising brochure for Tandberg's product *system*, Tandbergs Radiofabrikk, ca. 1963

serte samfunnstenkere beskrev som henholdsvis gjenstandenes «miljø» eller «ensemble» av gjenstander (Gilbert Simondon), «objektsystemet» (Jean Baudrillard) eller «objektøkologi» (Abraham Moles). Basert på en semiotisk tilnærming til designanalyse fremholdt de at den beste måten å forstå design på ikke var gjennom å se på enkeltgjenstandene for seg, men ved å tenke på gjenstandene i flertall og i sammenheng. Denne systematiske tilnærmingen til designanalyse hadde sitt direkte motstykke i den like systematiske tilnærmingen til formgivningspraksis som ble utviklet ved den berømte Hochschule für Gestaltung Ulm, hvor Moles underviste og hvor han sammen med kollegaer som Max Bense, Tomás Maldonado og Gui Bonsiepe kombinerte semiotikk og designforskning.[12] Skolen var kjent for sitt samarbeid med hjemmeelektronikkfirmaet Braun, og dermed er ringen sluttet tilbake til hi-fi-utstyrets verden, gjennom Hans Gugelots og Dieter Rams' nyskapende, system-baserte design.

Da Ekstrøm begynte hos Tandbergs Radiofabrikk, var design av høykvalitets hi-fi-utstyr i ferd med å utvikle seg fra det som kan kalles en møbeltypologi til et mer nyskapende og raffinert uttrykk som understreket produktenes karakter som instrumenter. Hos Tandberg var det først og fremst ansettelsene av de unge designerne Peter Opsvik i 1965, Inger Johanne Fosheim i 1967 og Terje Ekstrøm i 1968 – som alle kom rett fra Statens håndverks- og kunstindustriskole – som drev denne utviklingen. Opsvik kom senere til å bli en høyst innovativ møbeldesigner, kjent bl.a. for den justerbare barnestolen *Tripp Trapp* fra 1972 og «knelestolen» *Balans Variable* fra 1979, begge produsert av Stokke. Fosheim forlot sin stilling hos Tandbergs Radiofabrikk etter halvannet år til fordel for en lang karriere ved SHKS, hvor hun underviste

approach to design practice developed at the famed Hochschule für Gestaltung Ulm, where Moles taught, and where he and colleagues such as Max Bense, Tomás Maldonado and Gui Bonsiepe merged semiology with design research.[12] Given the school's oft-mentioned collaboration with home electronics company Braun, we are brought full circle back to the world of hi-fi equipment through the innovative systemic designs of Hans Gugelot and Dieter Rams.

When Ekstrøm joined Tandbergs Radiofabrikk, the trend in design of high quality hi-fi equipment was developing from what might be called a furniture-emulating typology to a more original, sophisticated idiom emphasising the products' instrument-like character. At Tandbergs, this development was catalysed by the arrival of the young designers Peter Opsvik (in 1965), Inger Johanne

Fig. 4
Reiseradio *TP 3-3*, Peter Opsvik
Tandbergs Radiofabrikk, 1967

TP 3-3 portable radio, Peter Opsvik,
Tandbergs Radiofabrikk, 1967

Fig. 5
Annonsebilde for reiseradio *TP 3-3*, Peter Opsvik, Tandbergs Radiofabrikk, 1967

Advertising image for *TP 3-3* portable radio, Peter Opsvik, Tandbergs Radiofabrikk, 1967

Fig. 6
Reiseradio *TP 4-1*, Peter Opsvik, Tandbergs Radiofabrikk, 1969

TP 4-1 portable radio, Peter Opsvik, Tandbergs Radiofabrikk, 1969

i interiørarkitektur. Opsvik jobbet som designer hos Tandbergs Radiofabrikk fra 1965 til 1970, hvor han bl.a. designet de populære reiseradioene *TP 3-1* (1966) og *TP 3-3* (1967) med et kabinett enten av nøttetre eller – som en mer radikal mulighet – ABS-plast, som kunne fås i en rekke ulike farger [fig. 4, 5]. Opsviks friske design ga Tandbergs nye reiseradioer et utseende og grensesnitt som sto i stil med den toppmoderne indre teknikken, og gjorde at Ollestads versjon, *TTR 1*-radioen, som var blitt lansert kun tre år tidligere, virket ganske så utdatert. En forbedret og redesignet utgave, kalt *TP 4-1*, fulgte så i 1969 [fig. 6].

For den kommersielt viktigere produktkategorien stasjonære radiomottakere kom det tilsvarende paradigmeskiftet med toppmodellen *Huldra 9* (1968) og den noe rimeligere *Sølvsuper 11* (1971). Mens forgjengeren *Huldra 8* (1965) var preget av et rotete kontrollpanel og et klumpete og ubehendig kabinett, utstråler *Huldra 9* teknologisk eleganse med sin slanke, presise design [fig. 7]. Dette var Inger Johanne Fosheims viktigste prosjekt i løpet av den forholdsvis korte tiden hun jobbet hos Tandberg,[13] og det representerte en helt ny tilnærming til design ved å gi et passende visuelt uttrykk til det presisjonsinstrumentet som *Huldra 9* er. Mens kabinettet fremdeles er laget av tre, domineres nå kontrollpanelet av én enkelt børstet ekstrudert aluminiumprofil, som kun brytes horisontalt av en stripe som huser alle de ens designede knottene og knappene og radiodisplayets skinnende, hvite bakgrunn. En tidlig reklame erklærte at dette nye flaggskipproduktet «oppfyller de strengeste krav til moderne design».[14] For serien i den midtre prisklasse iscenesatte Terje Ekstrøm et tilsvarende vannskille ved å erstatte den klumpete trekassen til *Sølvsuper 10* (1967) med *Sølvsuper 11*s renskårne, presise design, kjennetegnet av en lignende

Fosheim (in 1967) and Terje Ekstrøm (in 1968) – all fresh out of SHKS. Opsvik would later go on to become a highly innovative furniture designer, known for the 1972 *Tripp Trapp* adjustable children's chair and the 1979 *Balans Variable* "kneeling" chair, both manufactured by Stokke. Fosheim left her job at Tandbergs Radiofabrikk after a year and a half for a long career teaching interior design at SHKS. Opsvik worked as a designer at Tandbergs Radiofabrikk from 1965 to 1970, where he designed the popular portable transistor radios *TP 3-1* (1966) and *TP 3-3* (1967) with casings either in veneered wood or – as a more radical option – ABS plastics available in many colours [figs. 4, 5]. Opsvik's fresh designs gave Tandberg's new portable radios exteriors and interfaces to match their state-of-the-art inner workings, and made Ollestad's version, the *TTR 1*, launched a mere three years earlier, look conspicuously dated. An improved and redesigned version, the *TP 4-1*, followed in 1969 [fig. 6].

For the commercially more important product category of non-portable radio receivers, the corresponding paradigm shift was marked by the introduction of the top-range *Huldra 9* (1968) and the mid-range *Sølvsuper 11* (1971). Replacing the *Huldra 8* (1965) with its messy control panel set in a bulky, ill-proportioned cabinet, the *Huldra 9* exudes technological elegance in its sleek, precise design [fig. 7]. This was Fosheim's most significant project during her relatively short time with the company;[13] and it represented a completely new design approach, giving appropriate visual expression to the precision instrument the *Huldra 9* is. Whereas the cabinet was still made from wood, a single sheet of brushed extruded aluminium dominates the control panel, horizontally broken by a single line housing all the uniformly designed

Fig. 7
Radiomottaker *Huldra 9* og høyttalere *System 11*, Inger Johanne Fosheim, Tandbergs Radiofabrikk, 1968

Huldra 9 radio and *System 11* loud-speakers, Inger Johanne Fosheim, Tandbergs Radiofabrikk, 1968

TANDBERG
TANDBERG

Fig. 8
Radiomottaker *Sølvsuper 11 (11-73)*, Terje Ekstrøm, Tandbergs Radiofabrikk, 1973

Sølvsuper 11 (11-73) radio receiver, Terje Ekstrøm, Tandbergs Radiofabrikk, 1973

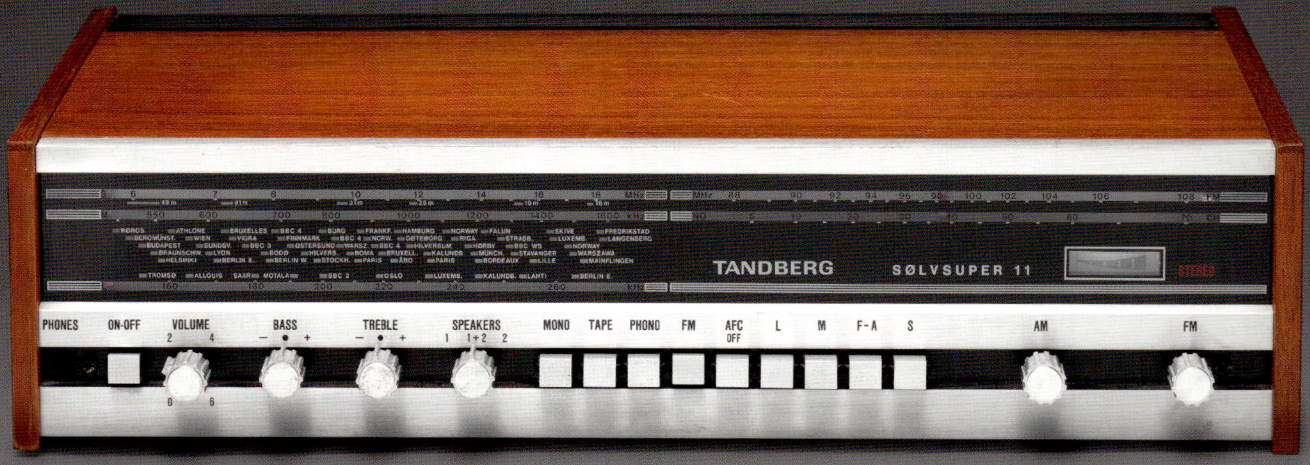

Fig. 9
Emballasje for radiomottaker *Sølvsuper 11 (11-73)*, Tandbergs Radiofabrikk, 1973

Packaging for *Sølvsuper 11 (11-73)* radio, Tandbergs Radiofabrikk, 1973

bruk av aluminium, horisontale linjer og gruppering av kontrollene [fig 8, 9].[15] Med *Sølvsuper 11* designet Terje Ekstrøm seg inn i mange stuer: Akkurat denne modellen ble en særlig storselger, og er også det mest ikoniske av alle Tandberg-produktene. Disse høykvalitetsapparatene og deres etterfølgere – *Huldra 10* (1972) [fig. 10], *Huldra 11* (1976), *Huldra 12* (1978), *Sølvsuper 12* (1976) [fig. 11] og *TR*-serien – gjorde at Tandberg-merket vant berømmelse for overlegen tekniske kvalitet og elegant design, og verden over falt hi-fi-entusiaster i staver over «Tandberg-lyden».

Ved siden av disse radiomottakerne var Tandbergs viktigste produktkategori båndopptakere, som i samtiden var den klart ledende teknologien for å ta opp og gjengi lyd. Slike båndopptakere var imidlertid forholdsvis store og kostbare. «Kompaktkassetter» ble derfor utviklet av Philips som et mye billigere og mer anvendelig alternativ, og denne nye standarden for lydmedier steg raskt i popularitet på slutten av 1960-tallet. Tandbergs

knobs and buttons and the tuner display's gleaming white background. According to an early advertisement, the new flagship product "satisfies the most exacting standards of modern design".[14] For the mid-range series, Terje Ekstrøm orchestrated a corresponding replacement of the boxy, wooden *Sølvsuper 10* (1967) with the crisp, accurate design of the *Sølvsuper 11*, characterized by a similar use of aluminium, horizontal lines and grouping of controls [figs. 8, 9].[15] With the *Sølvsuper 11*, Ekstrøm designed his way into many living rooms: this specific model became remarkably successful – and still is the most iconic of all Tandberg products. These high-quality radio receivers and their successors – *Huldra 10* (1972) [fig. 10], *Huldra 11* (1976), *Huldra 12* (1978), *Sølvsuper 12* (1976) [fig. 11], and the *TR*-series – gave the Tandberg brand a reputation for supreme technical quality and sophisticated design, with hi-fi aficionados the world over waxing lyrical about "the Tandberg sound".

After these radio receivers, the company's main product category was tape recorders – by far the superior technology for sound recording and reproduction available at the time. These, however, were relatively large and expensive products. As a much cheaper and more versatile alternative, the new sound media standard "Compact Cassettes" developed by Philips rapidly gained popularity in the late 1960s. Tandbergs Radiofabrikk was by no means the first manufacturer to offer a cassette deck, and explained its deliberate delay by claiming that it took time to develop one that adhered to the standards expected from a Tandberg product.[16] When the company eventually did introduce a cassette deck, the 1972 *TDC 300*, it was, unsurprisingly, a high-performance model – in terms of both technology and design [fig. 12]. It featured stereo sound, Dolby noise reduction, three motors

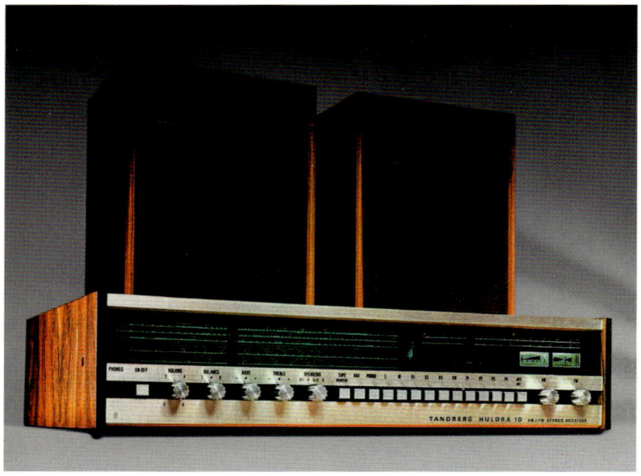

Fig. 10
Annonsebilde for radiomottaker *Huldra 10*, antagelig Terje Ekstrøm, Tandbergs Radiofabrikk, 1972

Advertising image for *Huldra 10* radio, probably Terje Ekstrøm, Tandbergs Radiofabrikk, 1972

Fig. 11
Radiomottaker *Sølvsuper 12*, antagelig Terje Ekstrøm, Tandbergs Radiofabrikk, 1976

Sølvsuper 12 radio, probably Terje Ekstrøm, Tandbergs Radiofabrikk, 1976

Radiofabrikk sto på ingen måte først i køen for å lansere en kassettspiller på markedet, og firmaet forklarte denne bevisste forsinkelsen med at det tok tid å utvikle en spiller som kunne tilfredsstille standarden man forventet fra et Tandberg-produkt.[16] Da firmaet endelig presenterte kassettspilleren *TDC 300* i 1972, holdt den som ventet høy kvalitet både hva gjaldt teknologi og design [fig. 12]. *TDC 300* kunne tilby stereolyd, Dolby-støyreduksjon, tre motorer og to drivaksler for en jevn og stødig båndhastighet, noe som er helt avgjørende for en kassettspillers lydgjengivelse. Terje Ekstrøm anså arbeidet med den nye kassettspilleren å være et av hans stolteste øyeblikk hos Tandbergs Radiofabrikk. Gjennom en liten, men sinnrik endring av det vanlige oppsettet til en kassettspiller roterte han lokket (der man putter inn kassetten) 90 grader, slik at det åpner opp til siden og ikke mot fronten, noe som gjør det mulig å plassere enheten loddrett eller henge den på en vegg. I henhold til systemlogikken som gjorde seg gjeldende i samtidens formgivning, passet *TDC 300* bra overens med formuttrykket til andre Tandberg-enheter på den tiden. Mekanismen huses i et kabinett konstruert av ekstruderte aluminiumsprofiler satt

and dual capstans for even and smooth tape transport (constant tape speed is crucial for the quality of sound reproduction in a cassette deck). Terje Ekstrøm considered the design of this new cassette deck to be one of his proudest moments at Tandbergs Radiofabrikk. In a small but ingenious change to the conventional layout of cassette decks he rotated the loading bay ninety degrees so that it opens to the side rather than the front, thus allowing the unit to be placed upright or hung on the wall. In accordance with the dominant systemic design logic, the *TDC 300* fitted well with the formal language of other Tandberg components of the same period. The mechanism is contained within extruded aluminium profiles set between wooden side panels. A rectangular grid accentuates the main elements of the interface, and an indentation runs across the main control buttons, ergonomically matching the user's fingertip.

A product that emphatically did not adhere to the company and industry conventions in terms of design was *Fasett*, a small speaker with a moulded plastic cabinet in a facetted shape with a hexagonal front. Speakers at this time, both Tandbergs Radio-

Fig. 12
Kassettspiller *TDC 300*, Terje Ekstrøm, Tandbergs Radiofabrikk, 1972

TDC 300 cassette deck, Terje Ekstrøm, Tandbergs Radiofabrikk, 1972

Fig. 13
Høyttaler *Fasett (Serie 2)*,
Terje Ekstrøm, Tandbergs
Radiofabrikk, 1975

Fasett (Series 2) loudspeaker,
Terje Ekstrøm, Tandbergs
Radiofabrikk, 1975

mellom sidepaneler av tre. Et rutenett fremhever grensesnittets hoveddeler, og en fordypning løper langs de viktigste kontrollknappene og passer ergonomisk til brukerens fingertupp.

Et produkt som avgjort ikke fulgte firmaets og bransjens sedvanlige designløsninger, var *Fasett*, en liten høyttaler med et plastkabinett i en geodetisk utforming med en sekskantet front. På den tiden var høyttalere, enten de ble laget av Tandbergs Radiofabrikk eller andre produsenter, som regel store, rektangulære trekasser som ble solgt parvis og som på alle måter var statiske objekter. *Fasett* ble lansert i 1973 i et radikalt brudd med alle slike normer. Ikke bare var den liten og laget av plast (enten svart, lysegrå eller oransje), men høyttalerens uvanlige form var ment å gjøre den dynamisk og smidig med hensyn til hvordan den skulle plasseres og settes opp: Den mangekantede høytalerkassen gjorde nemlig at den kunne vippes fremover eller bakover og dermed rette lyden enten nedover eller oppover, og høyttaleren kunne også brukes som en modul og settes opp i grupper når man ønsket en rikere og kraftigere lyd. Originalutgaven hadde en finmasket forside, mens den andre serien fra 1975 hadde et frontpanel i plast, hvor hull dannet et mønster som betonet den sekskantede utformingens bikubeassosiasjoner [fig. 13]. Eksepsjonelt nok var formgivningen av *Fasett* virkelig et enmannsprosjekt, fjernt fra lagånden som vanligvis lå til grunn for produktutviklingsprosessene hos Tandbergs Radiofabrikk. Det hele var Ekstrøms idé fra start til mål. Firmaets ledelse og designavdeling hadde ikke offisielt godkjent prosjektet, slik at utviklingskostnadene ikke ble dekket på vanlig måte – men Ekstrøm greide å overbevise noen i markedsavdelingen om å finansiere dette prosjektet. Han fikk beskjed om at utviklingskostnadene ville måtte dekkes inn innen

fabrikk's and those made by other manufacturers, were normally large, rectangular wooden boxes that came in pairs and were profoundly immobile objects. Launched in 1973, *Fasett* was a radical departure from all these conventions: not only was it small and made from plastic (available in black, light grey and bright orange) – its unusual shape was intended to facilitate dynamic flexibility in how the speakers were placed and configured. The facetted cabinet allowed it to be tipped forward or backward, directing the sound downwards or upwards and it could be used as a module and mounted in clusters when a fuller, louder sound was desired. The original version had a fine mesh front, whereas the second series produced from 1975 featured a plastic front panel with holes forming a pattern that accentuated the beehive associations of the hexagonal shape [fig. 13]. Exceptionally, *Fasett* was indeed a one-man design project, far removed from the teamwork ethics of the usual product development process at Tandbergs Radiofabrikk. It was Ekstrøm's idea from conception to completion. The management and the design department did not officially approve the project, so the product development costs were not covered in the usual way – but Ekstrøm succeeded in getting someone in the marketing department to bankroll his work. He was told that the development costs would have to be recovered by the sale of no more than 1,000 units. Ekstrøm's experimental speaker put the sceptics to shame by becoming a major success, staying in production for the remainder of the company's life.[17]

Fasett represented the boldest attempt at visioning sound at Tandbergs Radiofabrikk. Unfortunately, the financial and political developments the company's fate hinged upon were not equally favourable. Ever-stronger competition from German

1.000 solgte enheter. Ekstrøms eksperimentelle høyttaler trosset skeptikerne og ble en gedigen suksess, og var faktisk i produksjon for resten av firmaets levetid.[17]

Fasett representerte det djerveste forsøket på å visualisere lyd hos Tandbergs Radiofabrikk. Dessverre gikk ikke den økonomiske og politiske utviklingen tilsvarende i selskapets favør, og stadig hardere konkurranse fra tyske og japanske produsenter gjorde situasjonen verre. Etter et tiår med rask, ekspansiv vekst, med enorme investeringer i nye fabrikker og egne salgsorganisasjoner i mange land, snudde plutselig situasjonen til det verre i 1975–76. Dette førte til slutt til selskapets svært offentlige (og tragiske) endelikt da det ble erklært konkurs i 1978, ledsaget av en heftig politisk debatt og mange medieoppslag.

I en designhistorisk kontekst er det nærliggende å sammenligne visualiseringen av lyd hos Tandberg og selskapets endelikt med samtidige hendelser hos en av dets argeste konkurrenter, nemlig Bang & Olufsen. Det danske firmaet er solid etablert i den internasjonale designhistoriens kanon hovedsakelig takket være de mange produktene som ble designet av Jacob Jensen, et samarbeid som begynte i 1964. Firmaets karakteristiske «flate» stil, uttrykt først gjennom *Beomaster 1200* i 1969 og så utviklet fullt ut med *Beomaster 1900* fra 1976, gjorde at B&O definitivt skilte seg ut i mengden.[18] Da Tandbergs Radiofabrikk på sin side valgte å videreføre et mer tradisjonelt format på sine apparater, gikk man bevisst inn for å rendyrke et «teknisk uttrykk» som sto i stil med produktenes renommé for høy teknisk kvalitet og utsøkt lyd. De ulike designstrategiene forklarer imidlertid ikke disse to selskapenes svært ulike skjebner. B&O opplevde lignende økonomiske utfordringer som Tandbergs Radiofabrikk gjorde

and Japanese manufacturers only made matters worse. After a decade of rapid expansive growth with massive investments in new manufacturing plants and export sales organizations, business took a turn for the worse in 1975–76, eventually leading to a very public (and tragic) demise as the company went into receivership in 1978 amidst massive political debate and media attention.

In a design history context it seems pertinent to compare the visioning of sound at Tandbergs Radiofabrikk, and that company's downfall, with contemporary developments at one of its closest competitors: Bang & Olufsen. The Danish company has made its way into the canon of international design history largely due to the long range of products designed by Jacob Jensen – a partnership that began in 1964. Their signature "flat" style, first explored with the *Beomaster 1200* in 1969, and fully consolidated with the *Beomaster 1900* from 1976, made B&O stand out from the crowd.[18] When Tandbergs Radiofabrikk chose to maintain the conventional format of their radio receivers, it was a conscious decision to cultivate the "technical look" that matched the products' reputation for exquisite technical quality and sound. The different design strategies do not explain the companies' different fates, however. B&O experienced similar financial challenges to Tandbergs Radiofabrikk in the mid 1970s, but where the Danish firm managed to cut back its rapidly growing expenses, its Norwegian competitor did not.[19] High-quality design can certainly give a company a competitive edge, but cannot alone save a business. The legacy, however, of how Terje Ekstrøm and his colleagues in the design department were visioning sound at Tandbergs Radiofabrikk lives on, and constitutes a remarkable episode in design history.

midt på 1970-tallet, men der hvor det danske firmaet greide å skjære ned på sine raskt stigende utgifter, maktet ikke deres norske konkurrent å gjøre det samme.[19] Design av høy kvalitet er absolutt et viktig konkurransefortrinn, men kan ikke alene redde et selskap. Arven etter hvordan Terje Ekstrøm og designerkollegene hans visualiserte lyd hos Tandbergs Radiofabrikk, lever imidlertid videre og utgjør et bemerkelsesverdig kapittel i designhistorien.

1 Andreas Skogvold, *Mine år ved Tandberg* (Oslo: Aschehoug, 1979), 12, 17, 35.
2 Kjetil Fallan, «The *Realpolitik* of the Artificial: Strategic Design at Figgjo Fajanse Facing International Free Trade in the 1960s», *Enterprise & Society* 10, nr. 3, 2009, 559–589.
3 Kjetil Fallan, «Culture by Design: Co-Constructing Material and Meaning», i Kjerstin Aukrust (red.), *Assigning Cultural Values* (Frankfurt: Peter Lang Publishing, 2013), 135–163.
4 Alf Bøe, *Norsk/Norwegian Industrial Design* (Oslo: Kunstindustrimuseet i Oslo/Tanum, 1963), 327.
5 Helmer Dahl og Arnljot Strømme Svendsen, *Vebjørn Tandberg: triumf og tragedie* (Bergen: Fagbokforlaget, 1995), 126–127.
6 Bøe, *Norsk/Norwegian Industrial Design*, 327.
7 Alf Bøe, *Den norske Designpris: de syv første år / The Norwegian Design Award: Its First Seven Years* (Oslo: Norsk Designcentrum, 1969), 42.
8 Peter Opsvik, personlig kommunikasjon, 4.9.2015.
9 Bøe, *Den norske Designpris*, 42.
10 Harriet Clayhills, «Vi ser og hører», *Bonytt* 1961, nr. 21, ingen sidetall.
11 Tandbergs Radiofabrikk, reklame, *Radio/TV-bladet* 1966, nr. 10, 326.
12 Larry Busbea, «Metadesign: Object and Environment in France, c. 1970», *Design Issues* 25, nr. 4, 2009, 103–119.
13 Inger Johanne Fosheim, personlig kommunikasjon, 4.9.2015.
14 Tandbergs Radiofabrikk, reklame, *Radio/TV-bladet* 1968, nr. 10, 354.
15 Både Ekstrøms daværende kone Sissel Devik Ekstrøm og hans kollega Inger Johanne Fosheim bekrefter at det var Ekstrøm selv som var den hovedansvarlige for formgivningen av *Sølvsuper 11*. Personlig kommunikasjon, 4.9 og 7.9.2015.
16 Anon., «Kassettopptakere fra Tandberg», *Radio/TV-bladet* 1972, nr. 2, 17. Bang & Olufsen brukte nøyaktig det samme argumentet da firmaet presenterte sin første kassettspiller året etter.
17 Janne Beate Reitan, personlig kommunikasjon, 28.8.2015.
18 Jacob Jensen m.fl., *Bang & Olufsen 1960–1990: fra dansk kvalitetsmerke til internasjonalt ikon* (Gjern: Hovedland, 2003), 44–74.
19 Knut Sogner, «Veksten mot idealfabrikken: Tandbergs Radiofabrikk i 1970-årene» (hovedfagsoppgave, Universitetet i Oslo, 1989), 133–136.

1 Andreas Skogvold, *Mine år ved Tandberg* (Oslo: Aschehoug, 1979): 12, 17, 35.
2 Kjetil Fallan, "The *Realpolitik* of the Artificial: Strategic design at Figgjo Fajanse facing international free trade in the 1960s", in *Enterprise & Society* 10, 2009, 559–589.
3 Kjetil Fallan, "Culture by Design: Co-Constructing Material and Meaning", in Kjerstin Aukrust (ed.), *Assigning Cultural Values* (Frankfurt: Peter Lang Publishing, 2013): 135–163.
4 Alf Bøe, *Norsk/Norwegian Industrial Design* (Oslo: Kunstindustrimuseet i Oslo/Tanum, 1963): 327.
5 Helmer Dahl and Arnljot Strømme Svendsen, *Vebjørn Tandberg: triumf og tragedie* (Bergen: Fagbokforlaget, 1995): 126–127.
6 Alf Bøe, *Norsk/Norwegian Industrial Design* (Oslo: Kunstindustrimuseet i Oslo/Tanum, 1963): 327.
7 Alf Bøe, *Den norske Designpris de syv første år / The Norwegian Design Award its first seven years* (Oslo: Norsk Designcentrum, 1969): 42.
8 Peter Opsvik, personal communication to the author, 4 September 2015.
9 Alf Bøe, *Den norske Designpris de syv første år / The Norwegian Design Award its first seven years* (Oslo: Norsk Designcentrum, 1969): 42.
10 Harriet Clayhills, "Vi ser og hører", *Bonytt* no. 21, 1961, unpaged.
11 Tandbergs Radiofabrikk [advertisement], *Radio/TV-bladet*, no. 10, 1966, 326.
12 Larry Busbea, "Metadesign: Object and Environment in France, c. 1970", *Design Issues* 25, 2009, 103–119.
13 Inger Johanne Fosheim, personal communication to the author, 4 September 2015.
14 Tandbergs Radiofabrikk [advertisement], *Radio/TV-bladet*, no. 10, 1968, 354.
15 Both Ekstrøm's wife at the time, Sissel Devik Ekstrøm, and his colleague, Inger Johanne Fosheim, confirm that the design of the *Sølvsuper 11* was chiefly his responsibility. Personal communication to the author, 4 & 7 September 2015.
16 Anon., "Kassettopptakere fra Tandberg", *Radio/TV-bladet*, no. 2, 1972, 17. Bang & Olufsen would use the very same argument when it introduced its first cassette deck a year later.
17 Janne Beate Reitan, personal communication to the author, 28 August 2015.
18 Jacob Jensen et al., *Bang & Olufsen 1960–1990: Fra dansk kvalitetsmerke til internasjonalt ikon* (Gjern: Hovedland, 2003): 44–74.
19 Knut Sogner, *Veksten mot idealfabrikken: Tandbergs Radiofabrikk i 1970-årene* (Master thesis, University of Oslo, 1989): 133–136.

Inn i sin tid

Denise Hagströmer

Capturing the Momentum

Denise Hagströmer

Fig. 1
Stand-in «stol», Svein Gusrud, Møremøbler, 1982

Stand-in 'leaner', Svein Gusrud, Møremøbler, 1982

I begynnelsen av 1980-årene hadde Terje Ekstrøm oppnådd en status som gjorde at han ble invitert til fremtidige kulturminister Åse Klevelands talkshow *På plakaten* sammen med popstjernen Annifrid Lyngstad fra ABBA og designerkollegaen Peter Opsvik. Han benyttet anledningen til å vise frem de mange ergonomiske fordelene ved sin *Ekstrem*-stol, og han nevnte en kommende reise til Italia for å møte en potensiell produsent av stolen.[1] *Ekstrem* ble imidlertid satt i produksjon av Hjellegjerde i 1984, og samme år ble den også tatt med i utstillingen «Interiør nå: norsk eksperimentell design».[2] Utstillingen ble åpnet på Nordenfjeldske Kunstindustrimuseum i Trondheim, der den ble vist fra 1. september til 21. oktober. Deretter fortsatte utstillingen til Kunstindustrimuseet i Oslo og Vestlandske Kunstindustrimuseum i Bergen, med et kort opphold i Stranda, midt i «møbelbeltet» på Nord-Vestlandet.[3] Dette var en viktig hendelse i en spesielt avgjørende periode av Ekstrøms karriere, og det er interessant å merke seg at initiativet til utstillingen sprang ut av designpraksis, ikke som en idé fra museets side. Som jeg vil komme nærmere inn på, var «Interiør nå» mer enn bare «en typisk 80-tallsutstilling», slik den ble beskrevet i den korte omtalen av Rannveig Getz, i boken som ble utgitt i forbindelse med NILs 50-årsjubileum.[4] Den gjenspeilte en spirende vitalitet og optimisme i norsk møbeldesign. Ved å undersøke hvordan utstillingen ble mottatt, og hvilken effekt den hadde på norsk selvbilde, ønsker jeg å belyse sider ved tiden og sammenhengen den fant sted i, og dessuten å illustrere hvordan en utstilling og resepsjonen av den ikke bare formidler kunnskap, men også i seg selv genererer kunnskap.[5]

Det var interiørarkitekten Milla Krogstad som la frem ideen til «Interiør nå» for museumsdirektør

By the early 1980s Terje Ekstrøm's design status merited his appearance alongside popstar Annifrid Lyngstad from ABBA and fellow designer Peter Opsvik on the TV chatshow *På plakaten*, hosted by future Minister of Culture, Åse Kleveland. He used the occasion to demonstrate the many ergonomic benefits of his *Ekstrem* chair with a hands-on presentation of a prototype, and mentioned a forthcoming trip to Italy to meet a potential producer.[1] *Ekstrem* was, however, brought into production by Hjellegerde in 1984, a year that also saw its inclusion in *Interior Now: Norwegian interior design* exhibition.[2] The exhibition opened at the Nordenfjeldske Kunstindustrimuseum in Trondheim, and showed there from 1 September to 21 October. It then continued to the other two national museums of decorative art and design: Kunstindustrimuseet in Oslo and the Vestlandske kunstindustrimuseum in Bergen, with a brief appearance at Stranda, in the furniture-manufacturing region of western Norway.[3] This was a significant event at a particularly crucial time in Ekstrøm's career, and interestingly, the initiative for the exhibition came from design practice rather than curation. As I will explain, *Interior Now* was more than just "a typical 1980s exhibition", as it was described in the brief mention by Rannveig Getz, the then chairwoman of *Norwegian Interior Designers' Association*, in their 50th anniversary publication.[4] It reflected a burgeoning vitality and optimism in Norwegian furniture design. By examining the way it was received and its effect on Norwegian self-identity, this brief essay will contribute some contemporary context, and also illustrate how an exhibition and its reception may not only function as a conduit for knowledge, but also create knowledge in its own right.[5]

Interior Now was proposed to museum director Jan-Lauritz Opstad by interior architect Milla

Jan-Lauritz Opstad. Hensikten var å vise at den profesjonelle interiørarkitekten var mer enn «bare en husdekoratør og propagandist for bedre hjem».[6] Disse to ble, sammen med tekstildesignerne Merete H. og Juan D. Serrano, hovedorganisatorer for utstillingen, som ble utvidet til å omfatte industri- og tekstildesign.[7] Man kunne påstå at *Ekstrem*-stolen ikke fantes *før* den ble satt i produksjon – som den italienske designeren Vico Magistretti en gang bemerket: «Designobjekter fødes ikke på tegnebrettet, men blir til der de faktisk blir produsert, i en løpende utveksling av observasjoner og forslag.»[8] De fleste av gjenstandene i utstillingen kom derimot – med hensikt – rett fra tegnebrettet, bare en tredjedel av dem var i produksjon. «Interiør nå» mottok støtte fra blant andre Norsk kulturråd og møbelindustrien, med det eksplisitte mål å fremme økt eksperimentering hos produsentene.[9]

Utstillingen opptok første etasje i Nordenfjeldske Kunstindustrimuseum (tegnet for formålet i 1968 av arkitekt Herman Krag). Bygningens mursteinsfasade med vinduer som gir forbipasserende innsyn inn i det lyse interiøret, tilførte utstillingen en kontemporær ramme. Utstillingsdesignen, av Milla Krogstad og Merete Serrano, var med hensikt nøytral for at gjenstandene skulle tre tydelig frem. De var gruppert etter visuell effekt, slik at møblenes bruksområder – sitte, ligge, stå og hvile – ble innbyrdes blandet.

Siden midten av 1960-årene hadde norske designere i mindre grad sett mot Danmark og Sverige etter inspirasjon, og de siste årene hadde Ekstrøms samtidige designere i stedet utviklet særpreg og gryende selvbevissthet, stimulert av utviklingen i det internasjonale postmoderne miljøet. Produktene i «Interiør nå» viste dessuten ringvirkningene av *Balans*-prosjektet, påbegynt i 1979,

Krogstad with the intention of proving that the professional interior designer, or "interior architect", as the profession is called in Scandinavia, was more than "a mere home decorator and propagandist for better homes".[6] They became, together with textile designers Merete H. and Juan D. Serrano, the key organisers of this exhibition, which expanded to include industrial and textile design.[7] It might be suggested that the *Ekstrem* chair did not exist until manufactured; as once observed by Italian designer Vico Magistretti: "design objects are not born on the drawing board, but come into being where they are actually produced, in a continual exchange of observations and suggestions".[8] Yet here, intentionally, most of the exhibits came fresh off the drawing board – only a third of the exhibits were in production. With the avowed aim of promoting increased producer experiment, *Interior Now* enjoyed funding from the Norwegian Arts Council and the furniture industry.[9]

Occupying the ground floor of the the Museum of Decorative Arts in Trondheim (purpose built in 1968, by architect Herman Krag), in the centre of this historic city, the fenestration of the building's brick facade allowed passers-by views into the light interior, adding a contemporary framework to the event.

The intentionally neutral exhibition design by Milla Krogstad and Merete Serrano emphasised the exhibits themselves, arranging layout according to visual effect, mixing themes of furniture usage: sitting, lying, standing and resting.

Since the mid 1960s Norwegian designers had been looking less towards Denmark and Sweden for inspiration, and in recent years Ekstrøm's contemporaries had instead developed a design sensibility of their own, stimulated by developments on

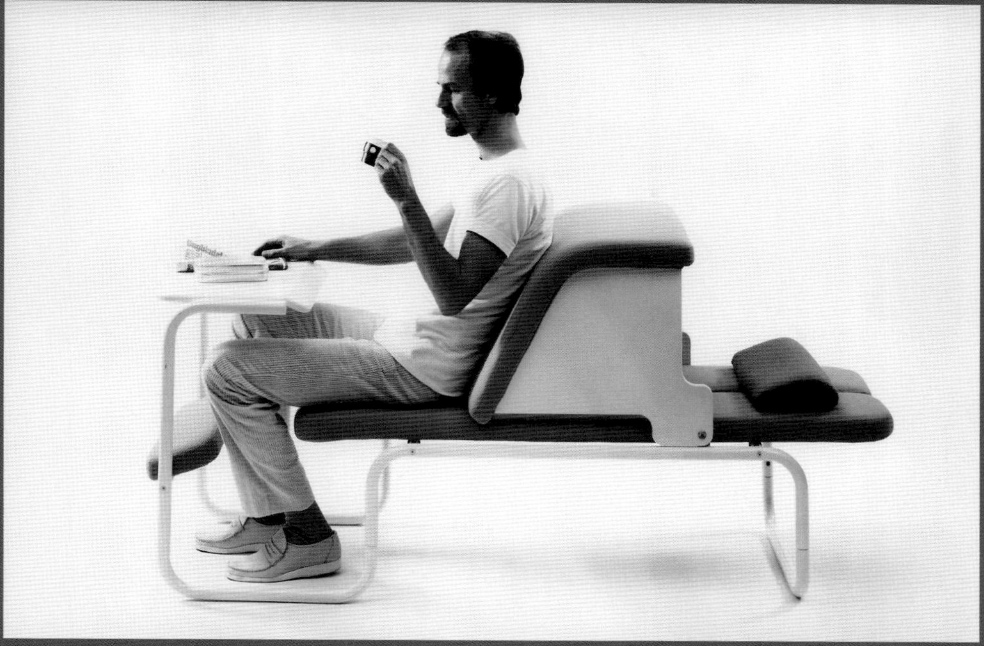

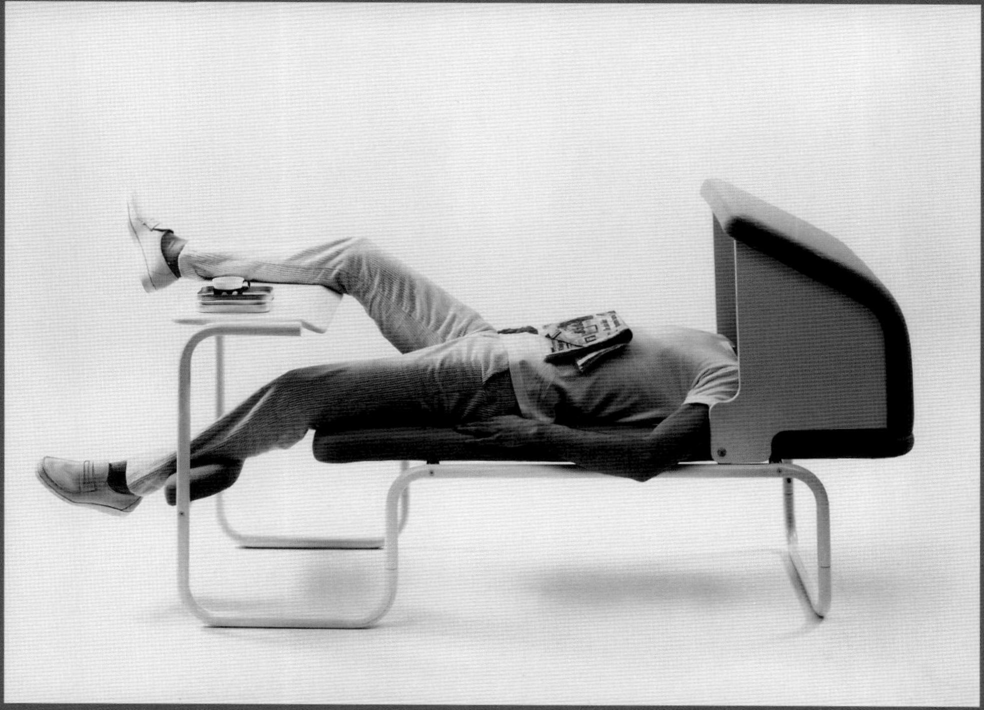

Fig. 2 + 3
Headover, kantinebord og sitteenhet/divan, Møre Designteam (Jan Lade og Svein Asbjørnsen), Studio Håg, reklamefoto, 1983

Headover canteen table/seating unit cum daybed, Møre Designteam (Jan Lade and Svein Asbjørnsen), Studio Håg, PR image, 1983

Fig. 4
Frontal II «hvileredskap», Tone Grimsrud, A/S Vestlandske Møbelfabrikk, reklamefoto, 1983

Frontal II 'reclining tool', Tone Grimsrud, A/S Vestlandske Møbelfabrikk, PR image, 1983

og vektleggingen av ergonomisk, «aktiv» sitting, som blant annet resulterte i Studio Hågs suksesser.[10] Bevis på det utviklingsarbeidet som fortsatt pågikk, var tydelige i Peter Opsvik og Svein Gusruds *Visions*-prototyper for Stokke Fabrikker, laget av papp og sponplater. Deres *Stand-in*-møbler var designet for resepsjoner og lignende – utformet slik at publikum skulle kunne lene seg mot dem – og ble referert til som meningsladede «redskaper» [fig. 1].[11] Designerne viste flere nye løsninger spesifikt for offentlige rom, eksempelvis publikumsområder i banker, ved å identifisere essensen i slike «sitteredskap» eller «sittestasjoner» som vesensforskjellig fra møbler i hjem. Svein Asbjørnsen og Jan Lade i Møre Designteam uttrykker tilsvarende selvsikkerhet med *Split*-serien av liggestoler, som omfattet en motorisert versjon, og som plasserte bena høyere enn hjertet. Med samme holdning kombinerte de med sitteredskapet *Head-over* både sofa- og bordfunksjoner. Dette kantinemøbelet kunne forvandles til en liggestol med en «hette» som skjermet brukeren fra lys og støy [fig. 2, 3]. Olav Eldøy og Steinar Hindenes' modulbaserte *Formula*-serie fungerte også som romdelere.

En særlig mediefavoritt var Tone Grimsruds bemerkelsesverdige *Frontal 1–3*-serie, utviklet blant annet for at man skulle kunne ligge på magen og lese, men samtidig for å stimulere til kommunikasjon mellom foreldre og spedbarn [fig. 4]. For Møre Lenestolfabrikk designet Torstein Nielsen spisestuemøbler *Totem* og den minimalistiske, sammenleggbare *Locust*-serien i bøk, sistnevnte utformet slik at møblene kunne henges på veggen når de ikke var i bruk [fig. 6, 7]. Flere designere viste møbler for masseproduksjon, blant andre Terje Hope; hans nøye gjennomtenkte spisestol *Spring* var en av de prototyper som ble satt i produksjon kort tid etter denne utstillingen. Hans sitteskulptur *Femina*

the international Postmodern scene. In addition to this, the products in *Interior Now* also showed the knock-on effects of the *Balans* project, started in 1979, and its advocacy of ergonomic 'active' sitting, and the successes of Studio Håg.[10] Evidence of continued research was evident in Peter Opsvik and Svein Gusrud's *Visions* prototypes by Stokke Fabrikker, made of cardboard and chipboard. Their *Stand-in* furniture was intended to be leaned on by people standing in lobby or reception areas, referred to as 'tools', loaded with meaning [fig. 1].[11] They displayed new design solutions specifically for public spaces, such as the public areas of banks, differentiated from domestic seating by identifying the essence of a 'sitting tool' or 'sitting stations'. Svein Asbjørnsen and Jan Lade of Møre Designteam exemplified the mood of confidence with their *Split* series of recliners, which included a motorised version, and placed the legs above heart level. Similarly, their *Head-over* sitting tool and daybed, combined canteen seating and table in a unit that converted into a daybed, with a hood shielding the occupant from light and noise [figs. 2, 3]. Olav Eldøy and Steinar Hindenes' *Formula* modular seating also doubled as spatial dividers.

A particular media favourite was Tone Grimsrud's remarkable *Frontal 1–3 series* designed for reading while lying on one's stomach, or to facilitate parent/baby communication [fig. 4]. Torstein Nielsen's *Totem* dining collection and minimal foldaway beechwood *Locust* designs were both produced by Møre Lenestolfabrikk, the latter designed to be hung on the wall when not in use [figs. 6, 7]. Several designers exhibited furniture for mass production, including Terje Hope, whose thoughtfully designed *Spring* dining chair was one of the exhibits brought into production shortly after this exhibition, while his ash and steel *Femina*

Fig. 5
Stolen *Femina*, prototype, Terje Hope, 1984
Femina chair prototype, Terje Hope, 1984

Fig. 6
Stolen *Locust*, Torstein Nielsen, Møremøbler, 1982

Locust chair, Torstein Nielsen, Møremøbler, 1982

Fig. 7
Stolen *Totem*, Torstein Nielsen, Møremøbler, 1984

Totem chair, Torstein Nielsen, Møremøbler, 1984

på den annen side, var med sin rudimentære «baldakin» et eksempel på utstillingens vektlegging av ideer og konsepter som søkte å få frem de iboende egenskapene til en bestemt møbeltype [fig. 5]. Ekstrøm selv bidro med to versjoner av *Ekstrem*: den originale, samt den enklere stableversjonen paret med en muntert postmoderne følgesvenn, et lite trebent, svartlakkert bord. I et intervju mintes Ekstrøm at han ofte hadde hørt or-

seating sculpture with its vestigial 'canopy', exemplified the exhibition's emphasis on ideas and concepts, seeking to bring out the inate qualites of a particular furniture type [fig. 5]. Ekstrøm himself contributed two versions of *Ekstrem*: the original and the simpler stacking version, alongside its wittily Postmodern companion piece, a small three-legged black lacquered table. In interview, Ekstrøm recalled that he often heard the words "sit up

Fig. 8
Skrankeprogram *Rondoflex*, Terje Ekstrøm, Sparebankmateriell-Spama A/S, reklamefoto, midten av 1980-tallet

Rondoflex bank counter system, Terje Ekstrøm, Sparebankmateriell-Spama A/S, PR image, mid 1980s

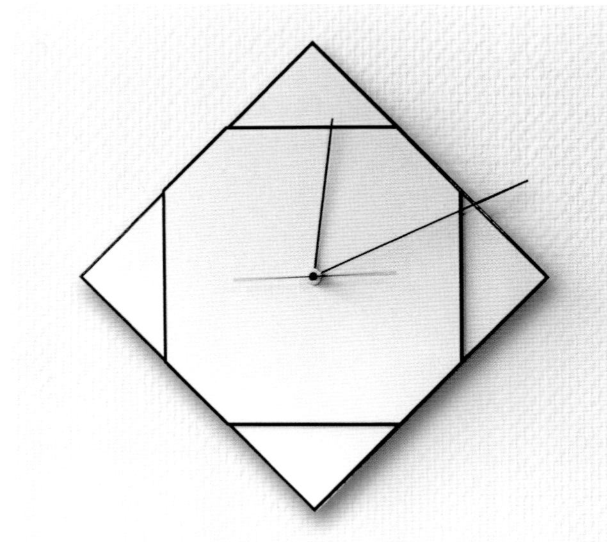

Fig. 9
Veggklokke, Kyrre Andersen, Trikk, 1984
Wall clock, Kyrre Andersen, Trikk, 1984

dene: *sitt rett, gutt!* «Man kan trygt si», fortsatte han, at *Ekstrem* «var bygd på personlige erfaringer.»[12] Andre eksempler på Ekstrøms design fra denne tiden, som ikke ble vist i utstillingen, innbefatter et vellykket modulsystem for skranker til norske sparebanker [fig. 8]. Dette var et resultat av en prosess med omhyggelige undersøkelser fra designerens side, formodentlig avhjulpet av den statlige garantiinntekten for kunstnere, som Ekstrøm mottok fra slutten av 1970-årene.

Utstillingens grunnholdning minnet på mange måter om The Museum of Modern Arts banebrytende utstilling i New York i 1972: «Italy: The New Domestic Landscape». Emilio Ambasz var kurator for denne utstillingen, som presenterte gjenstander og miljøer som utforsket nye, fleksible og uformelle designkonsepter med sosio-kulturell mening.[13]

Kunsthåndverkskollektivet Trikk, som begynte med industridesign etter en bakgrunn innen metallarbeid, krysset djervt inngrodde faggrenser –

straight boy!"; *Ekstrem* "you can safely say", he went on, "was created from personal experience".[12] Other examples of Ekstrøm's work at that time, not shown at *Interior Now*, include his successful modular counter system for bank interiors [fig. 8]. This was the result of painstaking design research and development, helped, no doubt by the state grant for artists, received by Ekstrøm from the late 1970s onwards.

The *Interior Now* exhibition ethos in many ways recalled that of the highly influential The Museum of Modern Arts', New York, *Italy: The New Domestic Landscape* of 1972, curated by Emilio Ambasz, in which objects and environments explored new, flexible and informal design concepts with socio-cultural meanings.[13]

The Trikk crafts collective, venturing into industrial design from a metalworking background, boldly crossed perceived disciplinary boundaries with Kyrre Andersen's take on the wall clock, again

Fig. 10
Stofftrykket *Misserino*, Merete Haabeth Serrano, 1984, på Peter Opsviks stol *Balans variable;* konsept: Hans Christian Mengshoel, Stokke Fabrikker A/S, 1981

Misserino printed fabric, Merete Haabeth Serrano, 1984 for *Balans variable* chair, design: Peter Opsvik; *Balans* concept: Hans Christian Mengshoel, Stokke Fabrikker A/S, 1981

Fig. 11
Katalogomslag, utstillingen *Interiør nå: norsk eksperimentell design*, Jostein Kirkerud, 1984

Interior Now: Norwegian experimental design exhibition catalogue cover, Jostein Kirkerud, 1984

blant annet med Kyrre Andersens variant av vegguret, som også viste postmoderne vidd, ved helt bokstavelig å tenke utenfor boksen [fig. 9].[14] Dermed «åpnet de en lukket dør» ved hjelp av industridesignteknikk på høyt nivå, særlig demonstrert i Morten Kleppans eksperimentelle løsninger for halogenbelysning.[15]

I tekstilkategorien utmerket særlig Merete Serranos *Misserino*-tekstiler seg med dramatiske, abstrakte trykk – tegnet med tanke på Peter Opsviks *Balans*-stol [fig. 10]. Pia Bjørnstads unike, eksperimentelle fjærdekkede tekstiler for Gudbrandsdalens Uldvarefabrik var også verdt å legge merke til.

Etter å ha vært igjennom en «aktiv sitteopplevelse» med 43 forskjellige designeres 120 gjen-

displayed postmodern wit, this time by quite literally thinking outside the box [fig. 9].[14] Their accomplished industrial design technique, particularly in Morten Kleppan's experimental halogen lighting designs, thereby "opened a closed door".[15]

Merete Serrano's dramatic abstract *Misserino* printed textiles, designed with Peter Opsvik's *Balans* chair in mind [fig. 10], and Pia Bjørnstad's unique, experimental feather-decked textiles for Gudbrandsdalens Uldvarefabrik were particularly noteworthy in the textile category.

Having had a full 'active sitting' experience of many of the 43 designers' 120 objects, the visitors could learn more of "untraditional furniture for ordinary people" in the catalogue.[16] Its abstract pis-

Fig. 12
Fra utstillingen *Interiør nå*, besøkende i møte med Svein Gusrud og Peter Opsviks prototyper *Visions*, *Aftenposten*, 24. september 1984

Press coverage of *Interior Now* exhibition, visitor interaction with Svein Gusrud and Peter Opsvik's *Visions* prototypes, *Aftenposten*, 24 September 1984

Norsk eksperimentell design i Trondheim:

Gøyalt, helsevennlig - og norsk!

Fig. 13
Fra utstillingen *Interiør nå*, besøkende i møte med Terje Ekstrøms stol *Ekstrem* og Tone Grimsruds møbler *Frontal*, *Sunnmørsposten*, september 1984

Press coverage of *Interior Now*, visitor interaction with Terje Ekstrøm's *Ekstrem* chair and Tone Grimsrud's *Frontal* furniture, *Sunnmørsposten*, September 1984

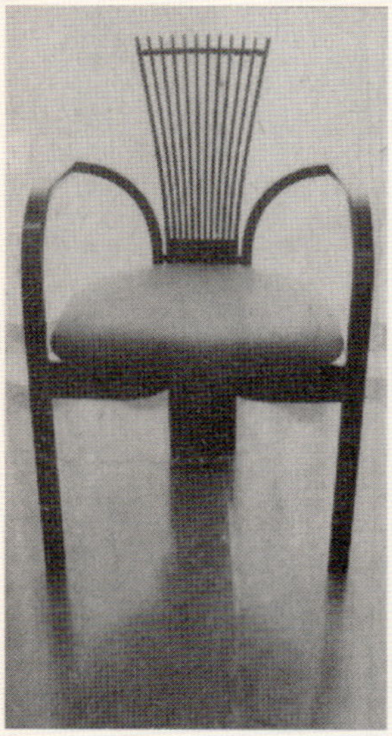

«Totem» har alt funne sitt publikum i Norge og i utlandet. Produsent: Møre Lenestolfabrikk. Torstein Nilsen har designa stolen.

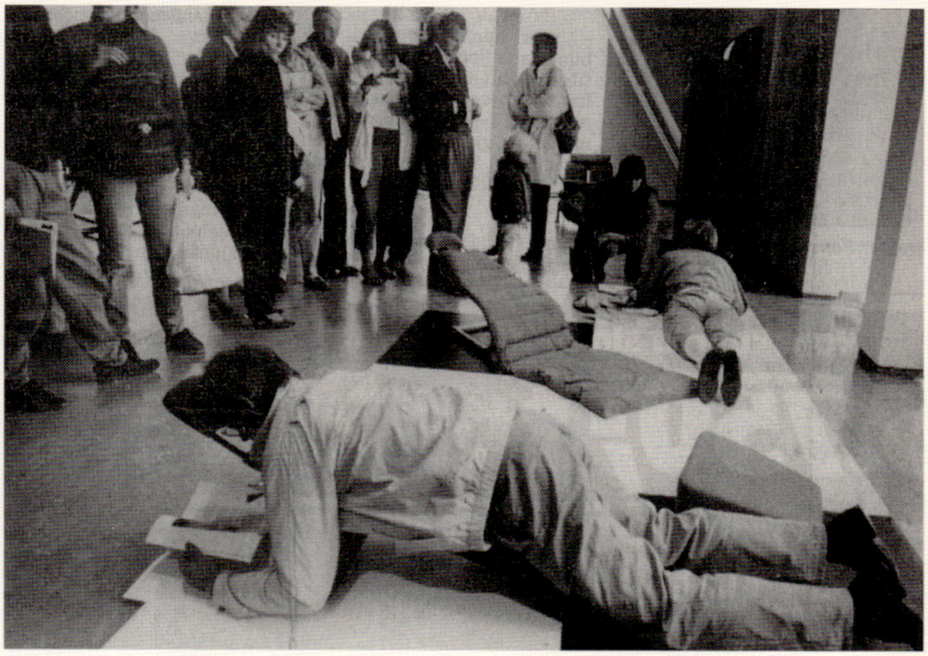

Oppslutninga om «Ingeriør NÅ» var upåklageleg. At moderne design høver både for gammal og ung, treng ein ikkje tvile på. Stolen i forgrunnen heiter «Ekstreme» (design: Terje Ekstrøm) og blir laga hos Hjellegjerde Møbler. Også sofagruppa «Wall Street» er frå Sykkylven, teikna av Svein Asbjørnsen og Jan Lade og produsert hos Sicon.

Fig. 14
Memphis-gruppen, omslag til utstillingskatalog, Galleri F 15, Moss, Art Aid, 1984

Memphis Group exhibition catalogue cover, Gallery F15, Moss, Art Aid, 1984

stander kunne den besøkende lære mer om «utradisjonelle møbler for vanlige folk» i katalogen.[16] Motivet fra det abstrakte pistasjgrønne omslaget, designet av kunstneren Jostein Kirkerud, gikk igjen i et suvenirsilkeskjerf, som gjorde det mulig for den besøkende å «bære med seg» opplevelsen [fig. 11].

Det at museet stilte ut samtidsdesign, var bemerkelsesverdig i seg selv. «Interiør nå» utfordret tradisjonell museumspraksis ved å lage noe som minnet om et salgslokale. Nordenfjeldske kunstindustrimuseum hadde imidlertid helt siden starten gjort seg bemerket ved betydelige anskaffelser av samtidsdesign. Og det er verdt å nevne at det i museets opprinnelige mandat sto:

> *Museets formaal er at fremme den norske industri med hensyn til smagfuld og paa samme tid hensigtsmæssig form samt at utvikle almenhedens sans i denne retning ved at gjøre seg bekjendt med smukke, karakteristiske, og hensigtsmæssige kunstindustriprodukter.*[17]

tachio cover design by artist Jostein Kirkerud was replicated in an exhibition souvenir silk scarf for more active experience [fig. 11].

The mere fact that the museum showed *contemporary* design was remarkable in itself. *Interior Now* challenged traditional museum practice by staging what resembled a showroom. The museum had, however, since its inception made its mark via major contemporary design acquisitions and it is worth noting that the museum's original mandate stated:

> *The objective of the museum is to promote Norwegian industry with regards to tasteful and at the same time purposeful design and to develop the general public's sensibility in this regard by making known to them beautiful, characteristic, purposeful art industry products.*[17]

In this respect the museum, by acting as a facilitator between the designer and producer, echoes

I så måte, ved å fungere som tilrettelegger mellom designer og produsent, speiler museets virksomhet kunstidustrimuseenes historiske opprinnelsen i 1800-tallets store mønstringer og verdensutstillinger. Ikke desto mindre var det i tiden omkring «Interiør nå» langt mellom utstillinger av samtidsdesign i Norge.[18] Internasjonalt utmerket Victoria and Albert Museums *Boilerhouse*-prosjekt seg noen år tidligere på samme måte.

Museumsantropologer er samstemte om at «utstillingens viktigste funksjon er å føre gjenstand og betrakter i kontakt med hverandre».[19] Dette kuratoriske imperativet ble effektivt gjennomført i «Interiør nå». Utstillingen innbød til deltagelse ved at ingen av objektene var sperret av, og de besøkende ble oppfordret til å oppleve, bruke tid, diskutere og prøve dem i stedet for bare å iaktta [fig. 12, 13].

«Interiør nå» tiltrakk seg stor interesse, og ikke bare fra de besøkende som sto i kø rundt kvartalet etter å ha sett om den på Dagsrevyen samme dag som utstillingen åpnet: De utstilte gjenstandene, designerne bak og ideene deres ble trukket frem i lokale og riksdekkende medier. «Interiør nå» ble også gjenstand for utstrakt faglig oppmerksomhet innen designkritikk, kuratering og praksis. En representativ vurdering kom fra den svært kvalifiserte designhistorikeren og instituttleder ved Statens håndverks- og kunstindustriskole Fredrik Wildhagen i hans designspalte i *Arbeiderbladet*:

> *Det skjer noe i formgiving i dag. Den vilje til omprøving av gamle forestillinger, og den revurdering av innarbeidete tilnærminger til rasjonell design som vi har vært vitne til i løpet av de siste fire-fem år, har satt i gang en gjæringsprocess.*[20]

the historical origin of museums of decorative art in the great fairs and expositions of the 19th century. Contemporary design shows were, at this time in Norway, nonetheless few and far between.[18] Internationally, the Victoria and Albert Museum's *Boilerhouse* project of a few years earlier had stood out in the same way.

Museum anthropologists agree that: "bringing object and viewer close together is the most important function of museum exhibiton".[19] This curatorial imperative was realised very effectively at *Interior Now*. As an immersive exhibition, none of the exhibits were cordoned off, and visitors were encouraged to experience, linger, discuss and engage with them, rather than passively observe [figs. 12, 13].

Interior Now generated extensive interest, and not just from the visitors queing round the block after seeing it on national TV news on opening day: the displays and their designers, along with their ideas, were given prominence in local and national media. *Interior Now* also enjoyed extensive qualified comment within the categories of design criticism, curation and practice. A representative assessment came from the highly-qualified design historian and tutor at SHKS, Fredrik Wildhagen, in his design column in the *Arbeiderbladet* daily:

> *Something is happening in Norwegian design today. A desire to test previous perceptions and reassess routine approaches to rational design that we have witnessed in the last four to five years have started a spontaneously growing process.*[20]

A few months earlier, Wildhagen had himself supplied cultural stimulus to this process. As co-initi-

Fig. 15
Installasjon med Terje Ekstrøms møbler, Maihaugen, Lillehammer, *Bonytt* nr. 10, 1987

Installation, Terje Ekstrøm's furniture designs, Maihaugen open-air museum, Lillehammer, *Bonytt* no. 10, 1987

Noen måneder tidligere hadde Wildhagen selv levert kulturell stimulans til denne prosessen. Som initiativtager sammen med gallerist Lars Brandstrup var han kurator for utstillingen «Memphis-gruppen» på Galleri F 15 på Jeløya [fig. 14].[21] Denne utstillingen hadde allerede skapt debatt, og interiørbladet *Bonytt* satte «Interiør nå» opp mot «Memphis-gruppen» og sammenlignet hvilke intensjoner og hvilken betydning de hadde for designkulturen. Ekstrøm, som alltid fast forankret i modernistiske prinsipper, uttrykte (etter å ha innrømmet at han ikke hadde sett *Memphis*-utstillingen) forbehold når det gjaldt *Memphis*-gruppens hang til estetikk. Selv om han hilste utfordringen av funksjon som bestemmende faktor velkommen, fortsatte Ekstrøm:

> *Kritisk sett går det for mye på å gi produktet et annet utseende, på bekostning av andre funksjoner som også burde vært løst. Det er ikke nok bare å skape et annerledes utseende når et produkt skal utvikles, – da bør det i såfall kalles skulptur, ikke møbel.*[22]

I kontrast til dette var Wildhagens eksplisitte hensikt med *Memphis*-utstillingen å få produktsemantikk (en gjenstands betydning slik den formidles gjennom design) frem i lyset i et postindustrielt samfunn.[23]

Hvis vi går tilbake til mottagelsen av «Interiør nå», pekte noen anmeldelser på hvilken betydning utstillingen hadde innenfor «kanon» av designbegivenheter: «Dette er det mest spennende som har skjedd i vår bransje siden de store utstillingene i Kunstnernes Hus i femtiårene», konkluderte interiørarkitekten Aud Dalseg.[24] Hun refererte til en serie reformutstillinger for interiørdesign rettet mot et allment publikum, arrangert av Landsforbundet

ator with gallery director Lars Brandstrup, he had curated the *Memphis Group* exhibition at the F15 Gallery in Moss, south of Oslo [fig. 14].[21] *Memphis Group* had already provoked discussion, and the interior design magazine *Bonytt* juxtaposed *Interior Now* with *Memphis Group*, comparing their intentions and significance in terms of design culture. Ekstrøm, as always firmly rooted in Modernist principles (and after admitting he hadn't seen the *Memphis Group* show), expressed reservations about the Memphis Group itself's bias towards aesthetics. Alhough he welcomed the challenge of function as a determining factor, Ekstrøm went on to say:

> *it seems to be too much about looks at the expense of other functions that should also be considered. Developing a new product is not just about creating a different look – in that case, it should be called sculpture not furniture.*[22]

In contrast, Wildhagen's stated intention with *Memphis Group* was to bring product semantics (an object's meaning, communicated via design) to the fore in a postindustrial society.[23]

Returning to *Interior Now*'s reception, some reviews pointed out its significance within the design event 'canon': "This is the most exciting thing that has happened in our field since the large-scale exhibitions at *Kunstnerernes Hus* in the 1950s", concluded interior architect Aud Dalseg.[24] She was referring to a series of domestic design reform exhibitions organised by the Norwegian Applied Arts Association, aimed at the general public. In fact, the *Interior Now* catalogue informed the reader that 95 % of Norwegian furniture was traditional, and only 5 % was forward-looking, identifying the gulf between the aspirations of some

Norsk Brukskunst. Faktisk kunne «Interiør nå»-katalogen fortelle at 95 % av norske møbler var tradisjonelle og bare 5 % fremtidsrettede, og slik peke på kløften mellom forhåpningene til enkelte reformdesignere og hva forbrukerne faktisk valgte.[25]

Direktøren for Vestlandske kunstindustrimuseum, Peter Anker, skuet enda lengre tilbake og trakk frem verket til en av Norges ledende «universalkunstnere» på slutten av 1800-tallet: «vi kan konstatere at [...] det skjer en design-fornyelse [...] Dette er en helt ny situasjon, noe vi ikke har opplevd siden Gerhard Munthe».[26]

I kjølvannet av denne vandreutstillingen fant en spesialartikkel i *Bonytt* om «Frodig norsk design» i bondegårdsinteriørene på Maihaugen felles kvaliteter mellom Ekstrøm, Hope og Nielsens arbeider og norske tradisjonsmøbler. Denne gangen ble *Ekstrem* utstyrt med hender og føtter så stolen minnet om en menneskelig figur, og slik illustrerte Ekstrøms ideal om «funksjonell, annerledes og gøyalt» design [fig. 15].[27]

Eksemplene ovenfor viser hvordan skribenter og journalister bidro til å løfte frem arbeidet og omdømmet til designere. Det samme gjorde museene ved å kjøpe inn eksemplarer til de permanente samlingene.

Det er blitt hevdet at Norges relativt lave profil i gullalderen for skandinavisk design ga de norske designerne større frihet til å utfordre tradisjonen.[28] På møbelmessen i København i 1986 viste produsenten Håg husker med rosa trekk i stedet for produkter som allerede var kjente. Stuntet illustrerte et ordspill: «Husk Håg».[29] En så overskridende tilnærming til design viste seg imidlertid i overkant provoserende for enkelte danske kritikere: «danskenes reaksjon var at: 'nå har nordmennene gått for langt'».[30] Norske industridesignere hadde i 1980 tross alt arrangert en symbolsk begravelse

reforming designers and the actual choice of the consumer.[25]

The director of the Museum of Decorative Arts in Bergen, Peter Anker, looked even further back, referring to the achievements of one of Norway's leading fin de siècle cross-disciplinary artists: "We can conclude that … there is currently a renewal in design … This is a completely new situation, something we haven't experienced since Gerhard Munthe".[26]

In the aftermath of this *Interior Now* exhibition tour, a *Bonytt* magazine special feature on "rich rural Norwegian design" in Maihaugen Museum's farmstead interiors found common qualities between Ekstrøm, Hope and Nielsen's designs and Norwegian vernacular. This time, *Ekstrem* was given hands and feet to suggest a human figure, illustrating Ekstrøm's design ideal of "functional, different and fun" [fig. 15].[27]

The foregoing examples indicate how writers and journalists helped promote the work and reputation of designers, as did museums, in acquiring examples for their permanent collections.

It has been suggested that Norway's lower profile in the golden age of Scandinavian Design gave its designers greater freedom to challenge tradition.[28] At the 1986 Copenhagen furniture fair, the producer Håg displayed swings with pink upholstery, instead of already familiar products, their play on words slogan being "husk håg" (remember Håg, husk meaning both 'swing' and 'remember').[29] So transgressive an approach to design, proved, however, too provocative for some Danish critics. The Danes' reaction was: "the Norwegians had gone too far".[30] After all, in 1980, Norwegian industrial designers had staged a symbolic funeral for the Scandinavian Design concept, in the sea in front of Oslo City Hall, "out of respect" for what

Fig. 16 + 17
Industridesignere iscenesetter en symbolsk begravelse av Scandinavian Design, Oslo 1980

Industrial designers stage symbolic funeral for Scandinavian Design, Oslo, 1980

for ideen om «skandinavisk design» i sjøen utenfor rådhuset i Oslo, «av respekt» for det de anså som en foreldet «filosofi» [fig. 16, 17].[31]

Erik Kotte Eriksen fra Møbelprodusentenes Landsforening ga seg hen til denne nye selvtilliten og kunngjorde at vi nå, takket være ny norsk eksperimentell design, ble sett på som «en moderne nasjon» ute i verden.[32] Like representativt for de mange anmeldelsene av «Interiør nå» var overskriften «Gøyalt, helsevennlig – og norsk».[33] Dette innebar en forsiktig, men ikke desto mindre avslørende modifisering av tidligere tiårs «ærlige» og «sunne» designretorikk.[34]

I en tid med enorme samfunnsendringer da Norge omdefinerte sitt design-selvbilde, var møblene til Ekstrøm og hans samtidige blant dem som skapte et nytt designmessig *ethos* som en del av denne nye identiteten. «Interiør nå», og mottagelsen av den, gir avslørende innblikk i prosessen om hvordan denne omdefineringen av design fant sted. Identitet er hvordan man oppfatter seg selv i forhold til andre. Identitet er ikke statisk, men i stadig forandring. Denne «vi»-følelsen, det «innbilte fellesskapet» for å bruke Benedict Andersons begrep, er fremherskende i den brede mediedekningen som «Interiør nå»-utstillingen utløste, og reflekterer en aktivering av nasjonal identitet.[35] Nasjonal identitet har en bemerkelsesverdig evne til å overskride andre tilhørigheter, som region, etnisitet, kjønn, klasse, generasjon eller religion. Man tar ikke munnen for full hvis man sier at hva norsk designidentitet angår, fikk ikke «Interiør nå»-utstillingen bare «snøballen til å rulle», den *var* snøballen.

they regarded as an anachronistic "philosophy" [figs. 16, 17].[31]

Revelling in this new self confidence, Erik Kotte Eriksen of the Furniture Manufacturers Organisation signalled a new international image for Norway.[32] An equally representative headline from the many *Interior Now* reviews was "Fun, healthy – and Norwegian."[33] This constituted a slight but nonetheless revealing modification of earlier decades' "honest" and "healthy" design rhetoric.[34]

At a time of enormous societal change, and as Norway was redefining its design self-identity, Ekstrøm and his contemporaries' furniture was among the creators of a new design ethos which was part of that identity. *Interior Now*, and how it was received, give revealing insights into the process of how this redefinition of design took place. Identity is how you perceive yourself in relation to others. Identity is not something static, but is in constant flux. This 'We' sentiment, the 'imagined community' to use Benedict Andersen's term, is prevalent in the extensive media coverage generated by the *Interior Now* exhibition, and reflects an activation of national identity.[35] National identity has a remarkable ability to transcend other affiliations such as regional, ethnic, gender, class, generation or religion. It would not be overstating the case to say that in terms of a national design identity, *Interior Now* not only 'got the ball rolling', it was itself the ball.

1 Terje Ekstrøm intervjuet av Frank Dehli NRK 11.9.1982 i *På plakaten*. Om designkultur, se: Penny Sparke, *An Introduction to Design and Culture. 1900 to the Present*, 3rd edition, (London: Routledge, 2013) og Guy Julier, *The Culture of Design*, 2nd edition, (London: Sage, 2008).

2 *Interiør nå: norsk eksperimentell design* (Nordenfjeldske Kunstindustrimuseum, 1984). Kunstindustrimuseet i Oslo, 5.–27.1.1985, Vestlandske Kunstindustrimuseum, Bergen, 21.5–19.6.1985.

3 Stranda, november, 1984.

4 Anne Lise Aas (red.), *Rom og møbler gjennom 50 år, Norske Interiørarkitekters og møbeldesigneres Landsforening* (Oslo: NIL, 1985), 39. Rannveig Getz var daværende leder i Norske interiørarkitekters landsforening (NIL).

5 Stephanie Moser, *The Devil is in the Detail: Museum Displays and the Creationof Knowledge, Museum Anthropology*, vol. 33, 2010, 22–32.

6 Helge Sørvik, «Ikkje berre stolar, men en sittestasjon», *Sunnmørsposten*, 6.9.1984.

7 De andre kommitemedlemmene var: Frode Haverkamp, Odd Langklopp og Karin Sinding.

8 Vico Magistretti, *Elegance and Innovation in Postwar Design*, (London: Thames & Hudson, 1991).

9 Bidragsytere: Bama A/S, Beckers Lakkindustri A/S, Flottorp Innredning, Forretningsbanken, Gudbrandsdalens Uldvarefabrikk, Hj Brunstad Fabrikker A/S, Hjellegjerdes Lenestolfabrikk A/S, International Wool Secretariet, Linjegods A/S, Møbelforum, Møremøbler A/S, Norsk Hydro, Norsk Kulturråd, Rybo Rykken & Co. A/S, Sandvika Veveri A/S, Stokke Fabrikker A/S, Sorebrand-Norden, Sørlie Møbler A/S, A.S. Vestlandske Møbelfabrikk and Westnofa Ltd.

10 Om *Balans* og Studio Håg, se Espen Johnsen og Trygve Asks bidrag. Se også: Fredrik Wildhagen, *Formgitt i Norge* (Oslo: Unipub, 2012), 366–372.

11 *Norsk design og kunsthåndverk*, utstillingskatalog, Röhsska museet, 1987, 27.

12 Helge Sørvik, «Ikkje berre stolar, men en sittestasjon», *Sunnmørsposten*, 6.9.1984. Viktige designere som ikke deltok i «Interiør nå» var bl.a.: Torstein Flatøy med sin elegante *Concorde* stol for Bahus og Henrik Skarland med den snedige *Sit Stik* «spaserstokk» for Møre Kalvatn.

13 Emilio Ambasz (red.), *Italy: The New Domestic Landscape. Achievements and Problems of Italian Design* (New York: The Museum of Modern Art, 1972).

14 Trikk, 1983–90 ble startet av nyutdannede SHKS studenter. Tove Bekken, Leif Stangebye-Nielsen og Millie Behrens var også med på utstillingen. Liv Blåvarp var medlem i Trikk men ikke inkludert i utstillingen.

15 Jan-Lauritz Opstad, i intervju med forfattteren, Trondheim, 22.9.2015.

16 Helge Søvik, «Interiør nå opna på Stranda: Appell til fantasi og vyer», *Sunnmørsposten*. 16.11.1984

17 http://venneforeningen.net

18 Alf Bøe, *Norsk/Norwegian industrial design* (Oslo: Kunstindustrimuseet i Oslo, 1963). Ulla Tarras-Wahlberg Bøe, red. *Nordisk industridesign: hva, hvorfor, hvordan* (Oslo: Kunstindustrimuseet i Oslo, 1976). Tore Brantenberg, Lauritz Opstad og Fredrik Wildhagen, red. *Sammenhenger: Angelo Mangiarotti* (Oslo: Kunstindstrimuseet i Oslo, 1985). Luttemann, Helena Dahlbäck og Marianne Uggla (red.), *The Lunning prize* (Stockholm: Nationalmuseum, 1986).

19 Stephanie Moser, ibid., 29, sitat fra Belcher, Michael, *Exhibitions in Museums*, (Leicester: Museum Studies, 1991).

20 Fredrik Wildhagen, «Design under omprøvning», *Arbeiderbladet*, 16.1.1985.

1 Terje Ekstrøm interviewed by Frank Dehli NRK, 11 September 1982 in *På plakaten*.
For sources on design culture, see: Penny Sparke, *An Introduction to Design and Culture. 1900 to the Present*, 3rd edition (London: Routledge, 2013) and Guy Julier, *The Culture of Design*, 2nd edition (London: Sage, 2008).

2 *Interiør nå: norsk eksperimentell design*. Nordenfjeldske Kunstindustrimuseum, 1984, Kunstindustrimuseet i Oslo, 5–27 January 1985, Vestlandske Kunstindustrimuseum, Bergen, 21 May–19 June 1985.

3 Stranda, November, 1984.

4 Anne Lise Aas (ed.), *Rom og møbler gjennom 50 år, Norske Interiørarkitekters og møbeldesigneres Landsforening* (Oslo: NIL, 1985): 39.

5 Stephanie Moser, "The Devil is in the Detail: Museum Displays and the Creation of Knowledge", in: *Museum Anthropology*, vol. 33, 2010, 22–32.

6 Helge Sørvik, "Ikkje berre stolar, men en sittestasjon", *Sunnmørsposten*, 6 September 1984.

7 The other members of the exhibition committee were: Frode Haverkamp, Odd Langklopp and Karin Sinding.

8 Vico Magistretti, *Elegance and Innovation in Postwar Design* (London: Thames & Hudson, 1991).

9 Exhibition sponsors were: Bama A/S, Beckers Lakkindustri A/S, Flottorp Innredning, Forretningsbanken, Gudbrandsdalens Uldvarefabrikk, Hj Brunstad Fabrikker A/S, Hjellegjerdes Lenestolfabrikk A/S, International Wool Secretariet, Linjegods A/S, Møbelforum, Møremøbler A/S, Norsk Hydro, Norsk Kulturråd, Rybo Rykken & Co. A/S, Sandvika Veveri A/S, Stokke Fabrikker A/S, Sorebrand-Norden, Sørlie Møbler A/S, A.S. Vestlandske Møbelfabrikk and Westnofa Ltd.

10 For *Balans* and Studio Håg, see Espen Johnsen and Trygve Ask's essays in this book. See also: Fredrik Wildhagen, *Formgitt i Norge* (Oslo: Unipub, 2012): 366–372.

11 *Norsk design og kunsthåndverk*, exhibition catalogue Röhsska museet, 1987, 27.

12 Helge Sørvik, "Ikkje berre stolar, men en sittestasjon", *Sunnmørsposten*, 6 September 1984. Designers not included in *Interior Now*, but who were nonetheless part of the scene include: Torstein Flatøy with his sinuous *Concorde* chair design for Bahus and Henrik Skarland, with his ingenious *Sit Stik* (walking stick) for Møre Kalvatn.

13 Emilio Ambasz (ed.), *Italy: The New Domestic Landscape. Achievements and Problems of Italian Design* (New York: The Museum of Modern Art, 1972).

14 Trikk, 1983–90 started by newly graduated SHKS students. Tove Bekken, Leif Stangebye-Nielsen and Millie Behrens were also included in the exhibition. Liv Blåvarp was also a Trikk member but not included in *Interior Now*.

15 Jan-Lauritz Opstad, in interview with the author, 22 September 2015.

16 Helge Søvik, "Interiør nå opna på Stranda: Appell til fantasi og vyer", *Sunnmørsposten*, 16 November 1984.

17 http://venneforeningen.net

18 See Alf Bøe (ed.), *Norsk/Norwegian industrial design* (Oslo: Kunstindustrimuseet i Oslo, 1963); Ulla Tarras-Wahlberg Bøe (ed.), *Nordisk industridesign: hva, hvorfor, hvordan* (Oslo: Kunstindustrimuseet i Oslo, 1976); Tore Brantenberg, Lauritz Opstad and Fredrik Wildhagen (ed.), *Sammenhenger: Angelo Mangiarotti* (Oslo: Kunstindstrimuseet i Oslo, 1985); Helena Dahlbäck-Luttemann and Marianne Uggla (eds), *The Lunning* prize (Stockholm: Nationalmuseum, 1986).

19 Stephanie Moser, "The Devil is in the Detail: Museum Displays and the

21 *Memphis Gruppen i Galleri F15*, Utstillingskatalog (Moss: Nasjonalmuseetsarkiv, 1984). Se også Richard Horn, *Memphis. Objects, Furniture and Patterns* (London: Quarto, 1986).

22 Unni Lombardi, «Memphis Italia Interiør nå Italia», *Bonytt*, no 1, 1985, 30.

23 Ibid., 29. Flere museer, inkludert Kunstindustrimuseet i Oslo, gjorde flere ervervelser fra denne utstillingen.

24 Yngvild Sørbye, «Nordenfjeldske Kunstindustrimuseum: Møbelsuksess!», *Arbeideravisa*, 3.9.1984.

25 Jan-Lauritz Opstad, forord til utstillingskatalogen *Interiør nå: norsk eksperimentell design* (Nordenfjeldske Kunstindustrimuseum, 1984). Se også Kjetil Rollnes, *Med smak skal hjemmet bygges, Innredning av det moderne Norge*, (Oslo: Aschehoug, 1995).

26 Sissel Hamre Dagsland, «Spennande norsk møbeldesign», *Bergens Tidende*, 21.5.1985.

27 Kari Osvold, «Moderne på Maihaugen. Møbelkunst», *Bonytt*, nr. 10, 1987, 5–15. C.B.; Bent Arnesen, «Frodig morsk design», *Tique*, nr. 1 1985; «Terje Ekstrøm: Det gjør ingenting om møblene ser merkelige ut», *Morgenbladet*, 4.1.1985.

28 Jan-Lauritz Opstad, ibid.

29 Ragnhild Moy, «Hågs husker skapte bølger i København», *Aftenposten*, 12.5.1986.

30 Jan-Lauritz Opstad i intervju med forfattteren, Trondheim, 22.9.2015.

31 Røddingrapporten, *Konference for Industridesignere'80*, 6–8 oktober, (Danmark: Rødding Højskole, 1980), 41, 70. Se også Trygve Ask, *God norsk design: konstitueringen av industridesign som proffesjon i Norge* (Oslo: Arkitekthøgskolen i Oslo, 2004), 164–165.

32 Helge Søvik, «Interiør nå opna på Stranda: Appell til fantasi og vyer», *Sunnmørsposten*. 16.11.1984.

33 Erle Moestue Bugge, «Gøyalt, helsevennlig – og norsk!», *Aftenposten*, 24.9.1984.

34 Kjetil Rollnes, *Med smak skal hjemmet bygges, Innredning av det moderne Norge*, (Oslo: Aschehoug, 1995), 9.

35 Benedict Andersen, *Imagined Communities: Reflections on the Origin and Spread of Nationalism* (London: Verso, 1983).

Creation of Knowledge", in: *Museum Anthropology*, vol. 33, 2010, 29, quoting Michael Belcher, *Exhibitions in Museums* (Leicester: Museum Studies, 1991).

20 Fredrik Wildhagen, "Design under omprøvning", *Arbeiderbladet*, 16 January 1985.

21 *Memphis Gruppen i Galleri F15*, exhibition catalogue (Moss: The National Museum archives, 1984). See also Richard Horn, *Memphis. Objects, Furniture and Patterns* (London: Quarto, 1986).

22 Unni Lombardi, "Memphis Italia Interiør nå Italia", *Bonytt*, no. 1, 1985, 30.

23 Ibid., 29. Several museums, including the Museum of Decorative Arts, Oslo, gained acquisitions from this exhibition.

24 Yngvild Sørbye, "Nordenfjeldske Kunstindustrimuseum: Møbelsuksess!", *Arbeideravisa*, 3 September 1984.

25 Jan-Lauritz Opstad, foreword to exhibition catalogue *Interiør nå: norsk eksperimentell design*, Nordenfjeldske Kunstindustrimuseum, 1984. See also Kjetil Rollnes, *Med smak skal hjemmet bygges, Innredning av det moderne Norge* (Oslo: Aschehoug, 1995).

26 Sissel Hamre Dagsland, "Spennande norsk møbeldesign", *Bergens Tidende*, 21 May 1985.

27 Kari Osvold, "Moderne på Maihaugen. Møbelkunst", *Bonytt*, no. 10, 1987, 5–15. C.B.; Bent Arnesen, "Frodig morsk design", *Tique*, no. 1 1985; "Terje Ekstrøm: Det gjør ingenting om møblene ser merkelige ut", *Morgenbladet*, 4 January 1985.

28 Jan-Lauritz Opstad, foreword to exhibition catalogue *Interiør nå: norsk eksperimentell design*, Nordenfjeldske Kunstindustrimuseum, 1984.

29 Ragnhild Moy, "Hågs husker skapte bølger i København", *Aftenposten*, 12 May 1986.

30 Jan-Lauritz Opstad in interview with the author, 22 September 2015.

31 Røddingrapporten, *Konference for Industridesignere'80*, 6–8 October (Denmark: Rødding Højskole, 1980): 41; 70. See also Trygve Ask, *God norsk design: konstitueringen av industridesign som proffesjon i Norge* (Oslo: Arkitekthøgskolen i Oslo, 2004): 164–165.

32 Helge Søvik, "Interiør nå opna på Stranda: Appell til fantasi og vyer", *Sunnmørsposten*, 16 November 1984.

33 Erle Moestue Bugge, "Gøyalt, helsevennlig – og norsk!", *Aftenposten*, 24 September 1984.

34 Kjetil Rollnes, *Med smak skal hjemmet bygges, Innredning av det moderne Norge* (Oslo: Aschehoug, 1995): 9.

35 Benedict Andersen, *Imagined Communities: Reflections on the Origin and Spread of Nationalism* (London: Verso, 1983).

Terje Ekstrøm (1944–2013)

Utdannelse og yrkespraksis

1977–2011	Free-lance-designer
1968–77	Industridesigner, Tandbergs Radiofabrikk, Oslo
1964–68	Interiørarkitekt/møbeldesignlinjen, Statens håndverks- og kunstindustriskole, SHKS, Oslo
1961–64	Lærling, Snekkermesterne Lørup og Karl Ekstrøm & sønn, Oslo
1960–61	Møbeltapetsererlinjen, Yrkesskolen på Hellsfyr, Oslo

Priser og stipendier

1979–2011	Statens garantiinntekt for kunstnere
1997	*Ekstrem Original* klassikerutnevnelse, Møbelprodusentenes Landsforening, Norge
1997	*Ekstrem Skolepult*, premiert, Statens Designkonkurranse, skolemøbler
1994	1. premie i konkurransen *Tre uten grenser*
1994	1. premie, Statens Designkonkurranse: Toalettpapirholder, tørkepapirholder, såpedispenser
1992	*ExstreMicro*, 1. premie, designkonkurranse, Basismøbler til OL-94
1983	*Ekstrem*-konseptet, Møbelforums innovasjonspris
1974–75	Stol *One-Two-Three*, premiert, Sørliemøbler AS' møbelkonkurranse
1974	Høyttaler *Fasett*, premiert, «Salone Internationale Della Musica»
1973	Lekeredskap/lekekloss, premiert, Bransjerådets møbelkonkurranse
1972–73	Stipend, Den Norske Stat og Møbelprodusentenes Landsforening
1970	Stol *Kassabele*, premiert, Bransjerådets møbel-konkurranse

Terje Ekstrøm (1944–2013)

Education and work

1977–2011	Free-lance designer
1968–77	Industrial designer, Tandbergs Radiofabrikk, Oslo
1964–68	Studies interior and furniture design at the National College of Art and Design, SHKS, Oslo
1961–64	Apprentice to master carpenters Lørup and Karl Ekstrøm & Son, Oslo
1960–61	Studies furniture upholstery at Hellsfyr Training College, Oslo

Awards and scholarships

1979–2011	State grant for artists
1997	*Ekstrem Original* designated a classic by the Norwegian Association of Furniture Manufacturers
1997	*Ekstrem Skolepult*, prize winner, National Design Competition, school furniture
1994	1st prize in the competition *Tre uten grense*
1994	1st prize, National Design Competition: toilet paper holder, paper towel holder, soap dispenser
1992	*ExstreMicro*, 1st prize, design competition, basic furniture for the 1994 Winter Olympics
1983	*Ekstrem* concept, Møbelforum's innovation award
1974–75	*One-Two-Three* chair, prize winner, furniture competition, Sørliemøbler AS
1974	*Fasett* loudspeaker, prize winner, *Salone Internationale Della Musica*
1973	Play object/play block, prize winner, Industry Council furniture competition
1972–73	Scholarship, the Norwegian Institute of Technology, the Norwegian State and the

1968 Konseptet *Sekskanthuset*, 1. pris, konkurranse om idé til jubileumshus, Statens Håndverk og Kunstindustriskoles 150-års jubileum

Produkter og prototyper

2006 Stol, *Ekstrem Original*, Varier Furniture AS
2005 Skolestol, *EkstreMicro*, Harald Krogsæter A/S
2005 Prototype, stol, *Mini Curve*
2004 Konferansestol, *Ekstrem Maestro*, Nordic Comfort Products A/S
1992 Prototype, sofa, *Ekstrem Multi*
1992 Prototype, stol, *Ekstrem Multi*
1990 Prototype, sofa *Le Canapé*, samarbeid med Peter Opsvik
1990 Prototype, lampe, *Crane*
1990 Designoppdrag bilseter for Swatch-bilen, basert på *Ekstrem*-konseptet (prosjektet ble ikke realisert)
1989 Prototype, kontorstol, *Curve*
1989 Stol, *Ekstrem Original*. Stokke A/S
1985 Stol, *Ekstrem Mini*, Hjellegjerde A/S
1985 Prototype, sofa, *Ekstrem Puzzle*
1984 Stol, *Ekstrem Original*, Hjellegjerde A/S
1982 Prototype, stol, *Ekstrem Tre*
1979 Prototype, lekesystem for barnehager, *Playfellow*, samarbeid med Peter Opsvik
1978 Skrankesystem, *Rondoflex*, SPAMA A/S
1977 Stol, Prototype, *Ekstrem Original*
1973 Høyttaler, *Fasett*, Tandbergs Radiofabrikk
1972 Prototype, *Ekstrem*-konseptet
1970 Kassettspiller, *TCD 300*, Tandbergs Radiofabrikk
1968 Prototype, modulhus, *Sekskanthuset*
1964 Prototype, kontorstol
1963 Logo, Lørenskog Ishockeyklubb

Norwegian Association of Furniture Manufacturers
1970 *Kassabele* chair, prize winner, Industry Council furniture competition
1968 *Sekskanthuset* concept, 1st prize, idea competition for an anniversary house, 150th anniversary of Oslo National College of Art and Design

Products and prototypes

2006 Chair, *Ekstrem Original*, Varier Furniture A/S
2005 School chair, *EkstreMicro*, Harald Krogsæter A/S
2005 Prototype chair, *Mini Curve*
2004 Conference chair, *Ekstrem Maestro*, Nordic Comfort Products A/S
1992 Prototype sofa, *Ekstrem Multi*
1992 Prototype chair, *Ekstrem Multi*
1990 Prototype sofa, *Le Canapé*, collaboration with Peter Opsvik
1990 Prototype lamp, *Crane*
1990 Design commission, Swatch-car seats, based on *Ekstrem* concept (project abandoned)
1989 Prototype office chair, *Curve*
1989 Chair, *Ekstrem Original*, Stokke A/S
1985 Chair, *Ekstrem Mini*, Hjellegjerde A/S
1985 Prototype sofa, *Ekstrem Puzzle*
1984 Chair, *Ekstrem Original*, Hjellegjerde A/S
1982 Prototype chair, *Ekstrem Tre*
1979 Prototype play system for nursery schools, *Playfellow*, collaboration with Peter Opsvik
1978 Counter system, *Rondoflex*, SPAMA A/S
1977 Prototype chair, *Ekstrem Original*
1973 Loudspeaker, *Fasett*, Tandbergs Radiofabrikk
1972 Prototype, *Ekstrem* concept
1970 Cassette player, *TCD 300*, Tandbergs Radiofabrikk
1968 Prototype modular house, *Sekskanthuset*
1964 Prototype office chair
1963 Logo, Lørenskog Ice Hockey Club

Utstillinger

2010	Kunstmuseet KUBE, Ålesund, «Morgendagens møbelklassikere»
2010	London Design Festival, «100% Norway»
2010	Vandreutstilling, KODE – Kunstmuseene i Bergen, Kunstindustrimuseet i Oslo og Seoul Design Fair, «Vær så god, sitt. Levende norsk møbeldesign»
2009	Vandreutstilling, Troms fylkeskultursenter og Møbelrådet, «Design i skolesekken 1954–2009»
2009	Kunstmuseet KUBE, Ålesund, «Møbel i 100 – Møbelbransjen 100 år»
2005	Norsk Form / DogA, «InsideNorway»
2004	Nordenfjeldske Kunstindustrimuseum, Trondheim, «Norway Said»
2004	Norsk Form – Norsk Designråd, Oslo, «Design tur/retur 2004»
2004	Norsk Form, Oslo, «Stol på klær»
2001	Design Center, København, «ToolToys – redskaber med et element af leg»
1998	Vandreutstilling, Norsk Møbelfaglig senter, Sykkylven/Norsk Form, Oslo, «Kjernestykker – Norsk møbelhistorie sett gjennom 12 klassikere»
1994	Maihaugen, «Møteplassen», OL- Lillehammer
1993	Vandreutstilling, Baltic/Scandinavian Design and Craft Exhibition, Tallin, Vilnius, Riga, Göteborg, «From Dreams to Reality»
1991	Møbelmesse, Monaco
1991	La Garde-Var, «Architecture & Design»
1991	«Forum Praha»
1990	Vandreutstilling, Maihaugen, Norsk Skogmuseum, Nordenfjeldske kunstindustrimuseum, «Sitt i nitti - Fra fjoskrakken til godstolen, 90 norske stoler»
1990	«NordForm 90», Malmö
1987	Vandreutstilling, Japan, «Scandinavian Design: A Day of Life»
1987	Röhsska Museet, Göteborg, «Norge 87»

Exhibitions

2010	Kunstmuseet KUBE, Ålesund, *Morgendagens møbelklassikere*
2010	London Design Festival, *100% Norway*
2010	Touring exhibition, KODE – Art Museums of Bergen, the Museum of Decorative Arts and Design, Oslo, and Seoul Design Fair, *Take a Seat! Living Norwegian furniture design*
2009	Touring exhibition, Troms County Cultural Centre and Furniture Council, *Design i skolesekken 1954–2009*
2009	Kunstmuseet KUBE, Ålesund, *Møbel i 100 – Møbelbransjen 100 år*
2005	Norsk Form / DogA, *Inside Norway*
2004	The National Museum of Decorative Arts, Trondheim, *Norway Said*
2004	Norsk Form – Norwegian Design Council, Oslo, *Design tur/retur 2004*
2004	Norsk Form, Oslo: *Stol på klær*
2001	Design Center, Copenhagen: *ToolToys – Redskaber med et element af leg*
1998	Touring exhibition, Norwegian Furniture Centre, Sykkylven/Norsk Form, Oslo, *Kjernestykker – Norsk møbelhistorie sett gjennom 12 klassikere*
1994	Maihaugen, *Møteplassen*, Winter Olympics Lillehammer
1993	Touring exhibition, Baltic/Scandinavian Design and Craft Exhibition, Tallin, Vilnius, Riga, Gothenburg, *From Dreams to Reality*
1991	Furniture Fair, Monaco
1991	La Garde, Var, *Architecture & Design*
1991	*Forum Prague*
1990	Touring exhibition, Maihaugen, the Norwegian Forestry Museum, the National Museum of Decorative Arts, Trondheim, *Sitt i nitti – Fra fjoskrakken til godstolen, 90 norske stoler*
1990	*NordForm 90*, Malmö
1987	Touring exhibition, Japan, *Scandinavian Design: A Day of Life*

1984–85	Nordenfjeldske Kunstindustrimuseum, Trondheim, Kunstindustrimuseet i Oslo, Vestlandske Kunstindustrimuseum, «Interiør Nå»
1984	Norsk Form, Oslo, «Sett innenfra»
1982	Norsk Form, Oslo
1979	Maihaugen, Lillehammer
1974	«Salone Internationale della Musica, Milano»
1969	Møbelhandlernes Landsforbund og Møbelprodusentenes Landsforening, «Møbeldagene 69»
1968	Kunstindustrimuseet i Oslo, «SHKS 150 år»
1968	Sjølyst, Møbelmessen, Oslo

Offentlige samlinger

Kunstindustrimuseet i Oslo (Nasjonalmuseet for kunst, arkitektur og design), Norge
Vestlandske Kunstindustrimuseum (Kode – Kunstmuseene i Bergen), Norge
Nordenfjeldske Kunstindustrimuseum, Trondheim, Norge
Norsk Form (DogA), Oslo, Norge
Vitra Design Museum, Weil am Rhein, Tyskland

1987	Röhsska Museum, Gothenburg, *Norge 87*
1984–85	The Museum of Decorative Arts, Trondheim, the Museum of Decorative Arts and Design, Oslo, West Norway Museum of Decorative Art, *Interior now*
1984	Norsk Form, Oslo, *Sett innenfra*
1982	Norsk Form, Oslo
1979	Maihaugen, Lillehammer
1974	*Salone Internationale della Musica*, Milan
1969	Furniture Traders Association and the Norwegian Association of Furniture Manufacturers, *Møbeldagene 69*
1968	The Museum of Decorative Arts and Design, Oslo, *SHKS 150 år*
1968	Sjølyst, Furniture Fair, Oslo

Public collections

The Museum of Decorative Arts and Design, Oslo (The National Museum of Art, Architecture and Design), Norway
KODE – Art Museums of Bergen (West Norway Museum of Decorative Art), Norway
The Museum of Decorative Arts, Trondheim, Norway
DogA (The Norwegian Centre for Design and Architecture), Oslo, Norway
Vitra Design Museum, Weil am Rhein, Germany

Utvalgt bibliografi over norsk design etter 1960-årene
Selected Bibliography of Norwegian Design since the 1960s

Anne Lise Aas (ed.), *Rom og møbler gjennom 50 år* (Oslo: NIL, 1995).

Trygve Ask, "Kamp moral og splittelse: Norsk design fra 1950-årene og fremover", in Leena Mannila, *God form i Norge, Jacob-prisens vinnere 2005–1957* (Oslo: Norsk Form, 2005).

Trygve Ask, *God norsk design: Konstitueringen av industridesign som profesjon i Norge* (Oslo: AHO, 2004).

Eileene H. Beer, *Scandinavian Design: Objects of a Life Style* (New York: Farrar, Straus and Giroux, 1975).

Morten Bing, Torgeir Kjos and Birte Sandvik, *En historiebok i tre etasjer: Boskikk i byen 1865–2002* (Oslo: Cappelen Damm, 2011).

Hermann Bongard, Rolf Himberg-Larsen and Fredrik Wildhagen (eds), *Nordisk kunsthåndverk og design* (Oslo: Landsforbundet Norsk Brukskunst, 1981).

Alf Bøe, "Kunstindustri og industridesign etter 1940", in Knut Berg *et al.* (eds), *Norges kunsthistorie* [Vol. 7] (Oslo: Gyldendal, 1983).

Alf Bøe, *Nordisk industridesign: Hva, hvorfor, hvordan* (Oslo: Kunstindustrimuseet i Oslo, 1976).

Alf Bøe, ed., *Norsk/Norwegian industrial design* (Oslo: Kunstindustrimuseet i Oslo, 1963).

Kjetil Fallan, "Nordic Noir: Deadly Design from the Peacemongering Periphery", *Design and Culture* 7(3) (2015).

Kjetil Fallan, "Kombi-Nation: Mini Bicycles as Moving Memories", *Journal of Design History* 26(1) (2013), 65–85.

Kjetil Fallan (ed.), *Scandinavian Design: Alternative Histories* (London: Berg Publishers, 2012).

Kjetil Fallan, "The Metamorphosis of a Norwegian Design Magazine: 'nye bonytt', 1968–1971", in Grace Lees-Maffei (ed.), *Writing Design: Words and Objects* (London: Berg Publishers, 2011): 47–61.

Kjetil Fallan, "'The "Designer" – the 11th Plague': Design Discourse from Consumer Activism to Environmentalism in 1960s Norway", *Design Issues* 27(4) (2011), 30–42.

Kjetil Fallan, "The *Realpolitik* of the Artificial: Strategic design at Figgjo Fajanse facing international free trade in the 1960s", *Enterprise & Society* 10(3) (2009), 559–589.

Kjetil Fallan, "Form, Function, Fiction: Translations of Technology and Design in Product Development", *History and Technology* 24(1) (2008), 61–87.

Kjetil Fallan, "How an Excavator got Aesthetic Pretensions: Negotiating Design in 1960s' Norway", *Journal of Design History* 20(1) (2007), 43–59.

Widar Halén, "Plast – designhistoriens grensesprengende material", in Bente Dahl, Peter Butenschøn and Widar Halén (eds), *...bare plast. Revolusjon i design* (Oslo: Norsk Form, 1995), 20–37.

Widar Halén (ed), *Art Deco. Funkis. Scandinavian Design* (Oslo: Orfeus, 1996).

Widar Halén "The Patent that Revolutionised the Furniture Industry the World Over", *Scandinavian Journal of Design History* 9 (1999), 41–55.

Widar Halén, "Skumplasten. Materialet som revolusjonerte norsk møbelindustri", in Jorunn Haakestad (ed.), *Design.Symbol.Stil* (Oslo: Orfeus, 2000), 28–39.

Widar Halén and Kerstin Wickman (eds), in *Scandinavian Design Beyond The Myth* (Stockholm: Arvinius Förlag, 2003).

Widar Halén, "Korpusdesigneren", in Karianne B. Gilje, *Grete Prytz Kittelsen. Emalje og design*, (Oslo: Gyldendal, 2008), 64–165 (English edition: New York: Norton, 2013).

Widar Halén (ed.), *Norway Says 10* (Oslo: Nasjonalmuseet, 2009).

Widar Halén (ed.), *Dysthe Design: Swinging 60* (Stuttgart: Arnoldsche Art Publishers, 2013).

Widar Halén, "50 Years of Fair Winds for Norwegian Design", in Åke Lindberg, *Norwegian Design 2014–15* (Oslo: Norsk Designråd, 2014), 33–41.

Eldar Høidal, *I bevegelse: Stokke AS 75 år* (Sykkylven: Norsk møbelfaglig senter, 2007).

Eldar Høidal, *Et liv i form: et hedersskrift for Inge Langlo* (Sykkylven: Norsk møbelfaglig senter, 2000).

Eldar Høidal, *Hov Dokka: En Riise i norsk møbelindustri* (Sykkylven: Norsk møbelfaglig senter, 1997).

Ole Richard Høisæther, *Design på norsk* (Oslo: Cappelen Damm, 2009).

Birgit Helene Jevnaker, "Vita Activa: On Relationships between Design(ers) and Business", *Design Issues* 21(3) (2005), 25–48.

Espen Johnsen, "Simple and Complex Form/Den enkle komplekse formen", in Widar Halén (ed.), *Norway Says 10*, (Oslo: Nasjonalmuseet for kunst, arkitektur og design, 2009): 46–83.

Espen Johnsen, "Øyeblikk som varer. Om den norske minimalismens interiør- og møbeldesign" in *Inn i et nytt årtusen – museene og samtiden* (Novus Forlag, 2007): 301–323.

Espen Johnsen, "Fra Plastic til Plast. Trekk fra norsk plastindustri 1939–1970", in *...bare Plast!? Revolusjon i design* (Oslo: Norsk Form,1995): 40–52.

Leena Mannila, *God form i Norge: Jacob-prisens vinnere 2005–1957 / Good form in Norway: winners of the Jacob Prize 2005–1957* (Oslo: Norsk Form, 2005).

David R. McFadden (ed.), *Modern Scandinavian Design 1880–1980* (New York: Harry N. Abrams, 1980).

Christine Myrvang, *Forbruksagentene: Slik vekket de kjøpelysten* (Oslo: Pax, 2009).

Viggo Sten Møller, *Funktionalisme og brugskunst siden 1920erne: Danmark. Norge. Sverige.* (Copenhagen: Rhodos, 1978).

Elen Omtvedt, *Interiørarkitekt Alf Sture: en ener i norsk designhistorie* (Oslo: DesignScandinavia, 2001).

Jennifer H. Opie, *Scandinavia: Ceramics and Glass in the Twentieth Century* (London: Victoria & Albert Museum, 1989).

Siv Ringdal, "110 Volts at Home: the American Lista", *Journal of Design History* 27(1) (2014), 76–96.

Siv Ringdal, *Det amerikanske Lista: Med 110 volt i huset* (Oslo: Pax, 2002).

Frode Weium (ed.), *Plast i det moderne Norge* (Oslo: Norwegian Museum of Science and Technology, 2001).

Fredrik Wildhagen, *Møbeldesigneren Ingmar Relling i perspektiv* (Sykkylven: Norsk møbelfaglig senter, 1991).

Fredrik Wildhagen, "The Scandinavian Countries: Design for the Welfare Society", in Carlo Pirovano (ed.), *History of Industrial Design: 1919–1990 – The Dominion of Design* (Milan: Electa, 1990).

Fredrik Wildhagen, *Norge i form: Kunsthåndverk og design under industrikulturen* (Oslo: J.M. Stenersens Forlag, 1988).

Bidragsytere

Espen Johnsen er førsteamanuensis i arkitektur- og designhistorie ved avdeling for kunsthistorie ved Universitetet i Oslo. Han har vært redaktør og forfatter for en rekke publikasjoner og artikler, deriblant: Johnsen, Espen (gjesteredaktør), «Kunstens rolle i modernismens arkitektur: Hus for kunstnere og kunstsamlere» (*Kunst og Kultur* nr. 4, 2014), Johnsen, Espen (red.), *Brytninger: Norsk arkitektur 1945–65* (Nasjonalmuseet for kunst, arkitektur og design, 2010), Bing, Morten og Espen Johnsen (red.), *Nye hjem. Bomiljøer i mellomkrigstiden* (Norsk Folkemuseum, 1998).

Trygve Ask er Senior Project Manager ved Scandinavian Business Seating AS som eier varemerkene HÅG, RBM and RH. Han er industridesigner og har en doktorgrad (dr.ing.) fra Arkitektur- og designhøgskolen i Oslo (AHO). Avhandlingen heter *God norsk design: konstitueringen av industridesign som profesjon i Norge* (Oslo, 2004). Han foreleser i designhistorie ved AHO.

Kjetil Fallan er professor i designhistorie ved Universitetet i Oslo. Han har utgitt en rekke bøker, bl.a.: *Design History: Understanding Theory and Method* (Berg Publishers, 2010), *Scandinavian Design: Alternative Histories* (Berg Publishers, 2012), *Made in Italy: Rethinking a Century of Italian Design* (Bloomsbury Academic, 2013) og *Designing Worlds: National Design Histories in an Age of Globalization* (Berghahn Books, 2016). Fallan er også redaktør for *Journal of Design History* og medlem av redaksjonsrådet for *Design and Culture*.

Denise Hagströmer er en svensk-amerikansk designhistoriker som siden 2013 har vært seniorkurator ved Nasjonalmuseet i Oslo. Hennes doktorgrad (ph.d.) handler om design, arkitektur og diplomati og ble avlagt ved V&A og RCA i London. Hun var lektor ved Konstfack, Stockholm fra 1997 til 2007. Hennes publikasjoner inkluderer *Swedish Design* (Svenska Institutet, 2001). Hun har også redigert designantologier og er medlem av redaksjonsrådet i *Interiors: Design/Architecture/Culture* (Routledge). Hun har

Contributors

Espen Johnsen is Associate Professor of the history of architecture and design at the department of Art History at the University of Oslo. He has worked as editor and written articles for numerous publications, including (as guest editor) "Kunstens rolle i modernismens arkitektur: Hus for kunstnere og kunstsamlere" (*Kunst og Kultur* no. 4, 2014); (as editor) *Brytninger: Norsk arkitektur 1945–65* (National Museum of Art, Architecture and Design, 2010); together with Morten Bing (editors) *Nye hjem. Bomiljøer i mellomkrigstiden* (Norsk Folkemuseum, 1998).

Trygve Ask is Senior Project Manager at Scandinavian Business Seating AS, owner of the office chair brands HÅG, RBM and RH. He is an industrial designer and dr. ing. (PhD) from Oslo School of Architecture and Design (AHO) with the dissertation *Good Norwegian Design: The establishment of industrial design as a profession in Norway* (Oslo, 2004). He is a visiting lecturer in design history at AHO.

Kjetil Fallan is Professor of Design History at the University of Oslo. His books include *Design History: Understanding Theory and Method* (Berg Publishers, 2010), *Scandinavian Design: Alternative Histories* (Berg Publishers, 2012), *Made in Italy: Rethinking a Century of Italian Design* (Bloomsbury Academic, 2013) and *Designing Worlds: National Design Histories in an Age of Globalization* (Berghahn Books, 2016). Fallan also serves as an editor of the *Journal of Design History* and on the advisory board for *Design and Culture*.

Denise Hagströmer is a Swedish-American design historian, and since 2013, Senior Curator at The National Museum, Oslo. Her PhD is about design, architecture and diplomacy, and was awarded jointly by the V&A and RCA in London. She has written and lectured extensively, and taught for 10 years at Konstfack, National College of Art and Design, Sweden. Her publications include *Swedish Design* (Swedish Institute, 2001). She has also edited design anthologies, and is a member of the Editorial

vært kurator for og organisert flere utstillinger, bl.a.: «A Hundred Years of the Larsson Ideal» på Victoria and Albert Museum i 1997 og «Ethics and Aesthetics – Scandinavian Design» på Design Museum i London i 1992.

Janne Beate Reitan er førsteamanuensis i kunst- og designdidaktikk ved Høgskolen i Oslo og Akershus. Hun tok doktorgrad ved AHO – Arkitektur- og designhøgskolen i Oslo med avhandlingen *Improvisation in Tradition: A study of contemporary vernacular clothing design practiced by Iñupiaq women of Kaktovik, North Alaska.* Hun er ansvarlig redaktør for *FORMakademisk*, vitenskapelig tidsskrift for design og designutdanning.

Advisory Board of *Interiors: Design/Architecture/Culture* (Routledge). Among the exhibitions she has curated and organised are *A Hundred Years of the Larsson Ideal* at the Victoria and Albert Museum, 1997, and *Ethics and Aesthetics* on Scandinavian Design at the Design Museum, London, 1992.

Janne Beate Reitan is Associate Professor of Art and Design Education at the Oslo and Akershus University College of Applied Sciences. She holds a PhD at AHO – the Oslo School of Architecture and Design with the dissertation *Improvisation in Tradition: A study of contemporary vernacular clothing design practiced by Iñupiaq women of Kaktovik, North Alaska.* She is the Chief Editor of the design and design education research journal *FORMakademisk.*